高等学校通识教育系列教材

Python案例教程

钱毅湘 熊福松 黄蔚 编著

清华大学出版社
北 京

内 容 简 介

本书以 Python 语言程序设计为载体阐述了计算机程序设计的方法,内容由浅入深,例题丰富。全书共 11 章,每章内容包括知识要点、例题分析与解答、测试题和实验案例四部分。最后的附录部分给出了测试题的参考答案以及计算机等级考试大纲和样卷。

本书既可以作为普通本科院校、普通高等专科学校的计算机程序设计实验教材,也可以作为相关专业教师和学生的参考用书。

图书在版编目(CIP)数据

Python 案例教程/钱毅湘,熊福松,黄蔚编著.—北京:清华大学出版社,2020.4 (2022.1重印)
高等学校通识教育系列教材
ISBN 978-7-302-55058-7

Ⅰ. ①P… Ⅱ. ①钱… ②熊… ③黄… Ⅲ. ①软件工具-程序设计-高等学校-教材
Ⅳ. ①TP311.561

中国版本图书馆 CIP 数据核字(2020)第 040722 号

责任编辑:刘向威　薛　阳
封面设计:文　静
责任校对:胡伟民
责任印制:沈　露

出版发行:清华大学出版社
　　　　　网　　　址:http://www.tup.com.cn,http://www.wqbook.com
　　　　　地　　　址:北京清华大学学研大厦 A 座　　　　　邮　　编:100084
　　　　　社 总 机:010-62770175　　　　　　　　　　　　　邮　　购:010-62786544
　　　　　投稿与读者服务:010-62776969,c-service@tup.tsinghua.edu.cn
　　　　　质量反馈:010-62772015,zhiliang@tup.tsinghua.edu.cn
　　　　　课件下载:http://www.tup.com.cn,010-83470236
印 装 者:三河市君旺印务有限公司
经　　销:全国新华书店
开　　本:185mm×260mm　　印　张:15　　　　　　　字　　数:372 千字
版　　次:2020 年 5 月第 1 版　　　　　　　　　　　印　　次:2022 年 1 月第 6 次印刷
印　　数:6501～8500
定　　价:39.00 元

产品编号:085840-01

前　言

　　Python 语言是国内外广泛使用的计算机程序设计语言。该语言具有语法简洁、易读性强及可扩展好等优点。Python 语言因其开源性的特点，自 2004 年起，使用率呈线性增长。各行业的专业人员在 Python 社区都可以快速获得与本专业相关的各种资源，并很容易地编写出适合自身应用需求的程序。

　　Python 语言不仅受到计算机专业人士的喜爱，也受到非计算机专业人士的青睐。许多高等院校的计算机专业和非计算机专业都开设了"Python 语言程序设计"课程。全国的计算机等级考试、江苏省的计算机等级考试，以及其他各省的计算机等级考试，都把 Python 语言列入了二级考试范围。为了帮助学生更快、更好地掌握 Python 语言程序设计的特点，理解和掌握常用的程序设计算法和思想，本书作者结合二十多年一线教学的实践经验，参照《全国计算机等级考试二级 Python 语言程序设计大纲》和《江苏省高等学校非计算机专业学生计算机知识与应用能力等级考试大纲》规定的二级 Python 语言考试要求编写了本书。

　　本书的最大特点是内容由易到难、循序渐进，列举了大量的典型题目，同时给出了详细的分析和解答。为了使读者能进一步自主进行强化训练，本书根据每一个 Python 语言的知识点给出相应的测试题目，同时在附录中也给出了参考答案，方便读者判断自己解题的正确与否，提高学习效率。

　　全书共分为 11 章，在每一章的知识要点部分都对相应章节的重点内容进行了归纳和总结。在例题分析和解答部分列举了一些容易出错、具有一定难度的选择题和填空题，对其给予详尽的分析和解答。之后，为了强化和掌握本章的知识，给出了相关的测试题目和参考答案。在每章实验里，针对每个实验题目，都提出实验要求，给出算法提示，要求学生给出完整的代码；同时，根据问题需要，提出了相关的思考题，帮助学生更加深刻透彻地理解该实验的知识要点。如果初学者能够认真做好本书提供的每一道题目，那么就能够掌握 Python 语言程序设计的基本要领和技巧，进而也就能掌握计算机程序设计的基本思想，通过国家和各省 Python 语言程序设计二级考试也将更加顺利。

　　本书由钱毅湘、熊福松和黄蔚合作完成编写，最后统稿由钱毅湘负责完成。第 1～4 章由钱毅湘编写，第 5～7 章由熊福松编写，第 8～10 章由黄蔚编写，第 11 章由三位作者共同编写。

　　在本书的编写过程中得到了苏州大学计算机公共教学部所有老师的大力支持和参与，他们为本书提出了宝贵建议，在此表示衷心的感谢！

　　在本书的编写过程中参考了许多同行的著作，作者在此对相关作者一并表示感谢。感谢为本书提供直接或间接帮助的每一位朋友,你们的帮助和鼓励促成了本书的顺利完成。

尽管作者非常努力地试图把本书写得十分完美,但由于水平有限,书中难免会有疏漏和不当之处,恳请读者批评指正,以便下次再版或重印时修订。

编　者

2019 年 10 月 12 日

目　录

第1章 Python语言基础

1.1 知 识 要 点

1.1.1 程序设计概述

1. 程序设计语言的发展

1) 机器语言

机器语言是直接用二进制代码指令表达的计算机语言,指令是用0和1组成的一串代码。机器语言程序能被计算机直接执行,但不直观,且难记、难理解、不易掌握。

2) 汇编语言

汇编语言是用一些助记符号来代替机器语言中由0和1所组成的操作码。用汇编语言编写的程序,不能被机器直接执行,需要翻译成机器语言才能执行。

汇编语言和机器语言都依赖CPU的指令系统,统称为面向机器的语言。

3) 高级语言

高级语言接近于自然语言和数学语言,是不依赖任何机器的一种容易理解和掌握的语言。用高级语言编写的程序称为源程序。通过编译方式或解释方式,源程序会被转换成为可直接执行的机器语言程序。

2. 结构化程序设计方法

结构化的程序设计方法,强调程序结构的规范化,一般采用顺序结构、分支结构和循环结构三种基本结构。结构化程序设计的设计方法可以总结为"自顶向下,逐步细化"和"模块化"两点。

"自顶向下,逐步细化"是指先整体后局部的设计方法,即先求解问题的轮廓,然后再逐步求精,是先整体后细节,先抽象后具体的过程。"模块化"是将一个大任务分成若干较小的任务,即复杂问题简单化。每个小任务完成一定的功能,称为"功能模块"。各个功能模块组合在一起就解决了一个复杂的大问题。

3. 面向对象的程序设计方法

面向对象程序设计方法,是把问题分解成各个对象,描述各对象的属性和行为,通过让

对象相互作用来解决问题。对象是程序的基本单元,对象中封装有代码和数据,对象的代码可以访问及修改对象相关联的数据。对象与对象之间通过消息建立关联并相互作用。面向对象的程序设计方法,可以提高软件的重用性、灵活性和扩展性。

1.1.2 Python 语言概述

1. Python 语言的发展

Python 语言诞生于 1990 年,由 Guido van Rossum 设计并领导开发。Python 语言的解释器的全部代码是开源的。

2000 年 10 月,Python 2.0 正式发布。2010 年,Python 2.7 发布,这是 Python 2.x 系列发布的最后一版。目前,仍有 2.7.x 系列的更新版本。

2008 年 12 月,Python 3.0 版本发布,目前,最高版本是 3.7.x 版。本书所用的是 Python 3.5.x 系列。

2. Python 语言的特点

Python 语言的特点:①语法简洁,易学;②免费、开源;③通用性强;④与平台无关;⑤丰富的类库等。

3. Python 程序的运行方式

Python 程序有两种运行方式:交互式和文件式。

交互式利用 Python 解释器即时响应用户输入的代码并输出结果。

文件式是先将代码编写成 Python 程序(扩展名为.py),然后启动 Python 解释器批量执行程序文件中的代码。

4. Python 程序的基本语法元素

Python 程序的基本语法元素包括:①程序的格式框架;②缩进;③注释;④变量;⑤命名;⑥保留字;⑦数据类型;⑧赋值语句;⑨引用。

1.1.3 Python 程序的格式框架

1. 缩进分层

Python 采用严格的"缩进"来表示程序中多行语句之间的逻辑。

(1)行尾的英文冒号":"表示下一行代码缩进的开始。

(2)下一行语句的首字符前用 1 个空格或任意多个空格或 Tab(制表符)进行缩进。一般采用 4 个空格进行缩进。

(3)同一层控制结构中每行缩进的字符(相同数量的空格或 Tab 键)必须完全一致,否则会报语法错误。

2. 代码注释

Python 有以下两种注释方式。

(1)单行注释。一行中从第一个"#"字符开始,直到当前行结束,都被视为注释。

(2)多行注释。用一对三个单引号'''或三个双引号"""将多行的注释内容包括起来。

3. 多语句在同一行

用英文分号";"分隔同一行中的多条语句。

4. 一条语句分成多行

一条语句需要在分行处使用"\"，并使语句未完部分转到下一行，而"\"后不允许有任何内容，包括不能有注释。

1.1.4　常量和变量

1. 命名规则

对 Python 程序中的某些程序元素（例如变量名、函数名、对象名等），需要为其指定名称，即所谓的"标识符命名"。

标识符的命名规则如下。

（1）标识符中可用的符号有英文字符、汉字字符、数字或下画线字符。

（2）第 1 个字符不能是数字。

（3）英文大写字符和小写字符是有区别的，即对大小写字符敏感。

2. 保留字

保留字也称关键字，指被程序语言内部定义并保留使用的标识符。保留字不能作为代码中程序元素的名称。Python 3.x 版本有以下 33 个保留字：

and	as	assert	break	class	continue	def
del	elif	else	except	False	finally	for
from	global	if	import	in	is	lambda
None	nonlocal	not	or	pass	raise	return
True	try	while	with	yield		

3. Python 中一切皆是对象

类和对象是 Python 中最基本的概念之一。Python 的基本数据类型都是类，具体的数据就是基本数据类型的具体实例（对象）。例如，-30、3.14、"Hi"、[1,2,3,4,5]等。

4. 常量和变量

Python 中的常量一般是指不需要改变也不能改变的字面值。

Python 中的变量是一个可以和数据实例建立联系的程序控制元素，通过变量可以引用关联的数据实例。一个变量有一个名字，名字按标识符的命名规则命名。Python 的变量没有类型，但变量引用的数据实例是有类型的。

1.1.5　Python 数据类型

程序设计的目标是对数据进行处理，Python 有设计良好的数据类型。Python 内置数据类型有数值（numbers）、字符串（string）、列表（list）、元组（tuple）、字典（dictionary）、集合（set）、布尔型（bool）和空类型（NoneType）。数值类型中又包含有符号整数（int）、浮点（float）和复数（complex）三种类型。

1.1.6　基本运算

1. 运算符

使用不同的运算符能对数据进行不同的计算。参与运算的数被称为操作数。Python

语言支持以下类型的运算符。

  (1) 算术运算符：＋,－,＊,/,//,％,＊＊。

  (2) 比较(关系)运算符：＝＝,!＝,<>,>,<,>＝,<＝。

  (3) 位运算符：&,|,^,~,<<,>>。

  (4) 逻辑运算符：and,or,not。

  (5) 集合运算符：&,|,^。

  (6) 成员运算符：in,not in。

  (7) 身份运算符：is,is not。

  (8) 条件运算符：if…else…。

2. 表达式

用运算符和括号将运算对象连接起来的、符合 Python 语法规则的式子称为表达式。运算对象包括常量、变量和函数等。

3. 运算符的优先级

在表达式中,经常会同时出现多个运算符,运算符的计算顺序是先计算括号内的,然后按运算符的优先级高低进行,先进行优先级高的运算,最后优先级相同的运算符从左到右依次计算。运算符的优先级从最高到最低排列如表 1-1 所示。

表 1-1   运算符的优先级

运　算　符	描　　述
＊＊	指数（最高优先级）
~ ＋ －	按位翻转,一元加号和减号
＊ / ％ // @	乘,除,取模,取整除,函数装饰器
＋ －	加法,减法
>> <<	右移,左移运算符
&	按位与
^	按位异或
|	按位或
is not is in not in	身份运算符、成员运算符
<= < > >= == !=	比较运算符
not	逻辑非
and	逻辑与
or	逻辑或

1.1.7   Python 内置函数与标准库

1. Python 内置函数

Python 提供了若干内置函数,这些函数不要引用库就可以直接使用。如下所示是常用的内置函数。

abs()	dir()	id()	next()	round()

all()	divmod()	input()	oct()	set()
any()	enumerate()	int()	open()	sorted()
ascii()	eval()	isinstance()	ord()	str()
bin()	exit()	len()	pow()	sum()
bool()	filter()	list()	print()	tuple()
chr()	float()	map()	quit()	type()
complex()	help()	max()	range()	zip()
dict()	hex()	min()	reversed()	

2. 引用标准库

根据来源的不同,随 Python 编译环境一起安装的库称为标准库,其他库称为扩展库(或第三方库)。要调用已安装好的库函数,必须使用以下格式之一的语句引入库到当前程序中。

1) import 语句

```
import 模块 1[as 别名 1] [, 模块 2[ as 别名 2] [, … 模块 N[as 别名 N]]]
```

在调用模块中的函数时,引用格式为:

```
模块名.函数名(参数)
```

2) from…import 语句

```
from 模块 import 函数名 1 [as 别名 1] [, … 函数名 N [as 别名 N]]
```

该命令只引入库中的指定函数,"模块"是要引用的库名。引入后可直接调用函数:

```
函数名(参数)
```

3) from…import * 语句

```
from 模块 import *
```

该语句引入模块里的所有函数,引入后可直接调用库中的所有函数。

3. 常用标准库

Python 中常用标准库如表 1-2 所示。

表 1-2　常用标准库

库　　名	用　　途
csv	操作 csv 文件
date	处理日期和时间
math	数学中常用的函数
os	提供了与操作系统交互的函数
random	用于产生并运用随机数
time	获取并展示时间信息
turtle	海龟绘图体系,是一个简单的图形绘制库

1.2　例题分析与解答

一、选择题

1. 在 IDLE 的交互模式中浏览上一条语句的组合键是_____。

A. Alt＋N　　　　　B. Alt＋P　　　　　C. 方向键↑　　　　　D. 方向键←

分析：在 IDLE 的交互模式下，按 Alt＋P 组合键后，在>>>后会出现执行过的历史指令中的最后一条语句，若反复按 Alt＋P 组合键，会依次倒序显示历史指令。而按 Alt＋N 组合键会从历史指令的第一条指令开始逐条切换。四个方向键可以令光标在整个 IDLE 交互模式的文本区域中移动，用户可以选中历史命令或命令执行结果的文本进行文字复制。

答案：B

2. 查看变量类型的 Python 内置函数是_____。

A. sqrt()　　　　　B. id()　　　　　C. type()　　　　　D. pow()

分析：sqrt()不是内置函数，是标准库 math 中的函数，用于计算平方根，该函数可以返回负数的平方根。id()是获取对象内存地址的内置函数，对象的存在会在内存中占据一定大小的存储空间，id 返回的整数值就是对象占据内存空间的地址。type()函数可以返回对象的数据类型。pow()是幂函数，例如，pow(2.1,3.9)表示$(2.1)^{3.9}$。

答案：C

3. 以下表达式_____不可以用于计算 a^2。

A. a * a　　　　　B. a^2　　　　　C. a ** 2　　　　　D. pow(a,2)

分析：** 是 Python 的幂运算符，pow 是 Python 的内置幂函数，都可以用来计算幂。而 a^2 的数学含义就是 a 与 a 自己相乘。这三个表达式都可以表示 a^2。

在 Python 中，^表示对运算数的二进制编码进行按位异或运算。以 1^2 为例，其结果为 3，这是因为 1 的二进制编码的末两位的二进制为 01，其余高位全为 0，2 的二进制编码末两位为 10，其余高位全为 0。而异或运算的运算规则是相同二进位异或结果为 0，相异二进位异或结果为 1，故异或后的二进制高位全为 0，低位为 11，该二进制编码为整数 3 的编码，即结果为 3。所以 a^2 不能表示 a^2。

答案：B

4. 关于运算符/和//，错误的是_____。

A. 3/5 的结果是 0.6　　　　　　　　B. 3//5 的结果是 0

C. 3.0/5 的结果是 0.6　　　　　　　D. 3.0//5 的结果是显示有语法错误

分析：/是算术除法，除后的结果是一个实数。//是算术求整商(floor division)，该运算先进行实数除，然后向下取整，例如，−15//4 结果是−3.75 的向下取整，向下取整就是找一个比−3.75 小的最大整数。//最后的结果可以是整数或实数。若参与运算的两个数都是整数，则结果为整数，例如，−15//4 结果显示−4。若参与运算的数有实数，则显示一个小数部分为.0 的实数，例如，8.0//5 显示 1.0。

答案：D

5. 以下说法错误的是_____。

A. 一个数字 0 不是合法的 Python 表达式

B. 在 Python 3.x 中,内置函数 input()把用户的键盘输入一律作为字符串返回

C. 字符或字符串中,对于特殊字符,需要用以\开头的转义字符来表示

D. 括号()可以改变表达式中各运算符的运算顺序

分析:单个常量或变量也是表达式,用非算术运算符和函数调用连接起来的式子也是表达式,A 选项是错误的。在 Python 3.x 中,内置函数 input()把用户的键盘输入一律作为字符串返回,如果需要转换成其他数据类型,则可以使用 int()、float()、eval()等函数进行类型转换,B 选项是正确的。Python 支持转义字符,用来表示一些特殊含义的字符,常见的转义字符有\n、\t、\'、\"等,C 选项是正确的。括号()内的内容先算,即使括号外的运算符优先级高于括号内的运算符,也是先算括号内的部分,D 选项是正确的。

答案:A

6. 以下代码执行时会有错误提示的是_____。

A. print('OK')　　　　　　　　　　B. print(2.3)

C. print(true)　　　　　　　　　　D. print(1e2)

分析:Python 用成对的单引号'或双引号"或三引号'''/"""来指定字符串。A 选项代码执行时输出字符串 OK,是正确的代码。2.3 是一个合法的浮点数,B 选项是正确的代码。Python 中表示逻辑真的符号是 True,Python 是区分大小写的,所以不能随意改变 True 中字母的大小写,C 选项的代码运行时会出错。1e2 是 Python 中对数值的科学记数法,表示 1×10^2,即 100,D 选项是正确的代码。

答案:C

7. 表达式"108"+'90'的值是_____。

A. 语法错误　　　B. 198　　　　C. '10890'　　　　D. 10890

分析:Python 用成对的单引号'或双引号"或三引号'''/"""来指定字符串。本题的表达式是两个字符串进行＋运算,当＋运算的操作数是两个字符串时,是将两个字符串连接起来,本题中相连后的结果为'10890'。C 和 D 两个选项的区别在于有无单引号,无单引号的数字表示的是一个数值,而不是字符串。故本题选 C 选项。

答案:C

8. 下列关于 Python 内存管理的说法错误的是_____。

A. 变量不必事先声明

B. 变量无须先创建和赋值即可直接使用

C. 变量无须指定类型

D. 可以使用 del 释放资源

分析:Python 中的变量和数据是各自独立的。变量是一个对象,变量有名字和对数据的指向。数据也是一个对象,有自己的存储空间和数据类型。当变量赋值为某个数据时,若变量和数据都已经存在,则让变量指向相应的数据。若当前环境中没有出现过该变量和该数据,系统自动创建变量和数据,然后让变量指向数据。因此,数据是有类型的,而变量没有类型。数据和变量都不要事先声明,系统会在运行过程中自动创建。故 A 和 C 选项都是正确的。变量指向数据后,就可以用变量来操作数据,但是变量没有指向数据时,试图引用变量指向的数据时,系统会报错,故 B 选项是错误的。可以用 del 键来释放变量所指向的数据或资源,D 选项是正确的。

答案：B

9. 表达式 pow(3,2,5)的值是_____。

A. 10　　　　　　B. 4　　　　　　C. 45　　　　　　D. 语法错误

分析：Python 的 pow 函数的格式为：pow(x,y,z＝None)，返回 x^y 或 x^y％z。pow 函数主要用于计算次方，多数情况下只使用两个参数，第三个参数默认为 None。当它有第三个参数出现时，用前两个参数计算次方后的结果对第三个参数进行求余运算。本题先求 3 的 2 次方，结果是 9，再求 9 除以 5 后的余数，结果是 4。故本题选 B 选项。

答案：B

10. 以下文件的扩展名_____与 Python 无关。

A. .py　　　　　　B. .pyc　　　　　　C. .pym　　　　　　D. .pyo

分析：Python 程序文件的扩展名是.py，由 Python 程序解释，不需要编译。扩展名为.pyc 的文件，是根据 py 源文件编译而成的二进制字节码文件，由 Python 加载执行，速度快，能够隐藏源代码。扩展名为.pyo 的文件，是优化编译后的程序，也是二进制文件，适合用于嵌入式系统。故本题选 C 选项。

答案：C

二、填空题

1. 在 Python 中 None 表示_____。

分析：None 是 Python 的一个特别的空值常量，属于 NoneType 数据类型。与 0 和空字符串（''）不同，None 表示什么都没有。None 与其他的数据比较是否相等时，均返回 False。

答案：空值

2. 表达式 int('123') 的值为_____。

分析：int 函数用于将其他数据转换为整型数据。参数'123'带有界定符单引号，表示的是字符串类型的数据，转换后的结果 123 是一个整型数据。

答案：123

3. 表达式 87％12 的值为_____。

分析：％为求余运算，可以对整数或实数求余数。以 a％b 结果为 c 为例，求得的余数 c 必定与除数 b 同号，且 0≤|c|<|b|。当 a 是正数时，求解的过程是反复对 a 减|b|，直到结果与除数 b 同号且满足 0≤|c|<|b|时，余数求解结束。本例中，87 不断减 12，直到变成 3 时停止，余数为 3。

答案：3

4. 表达式 －5.1％2.6 的值为_____。

分析：％为求余运算，可以对整数或实数求余数。以 a％b 结果为 c 为例，求得的余数 c 必定与除数 b 同号，且 0≤|c|<|b|。当 a 是负数时，求解的过程是反复对 a 加|b|，直到结果与除数 b 同号且满足 0≤|c|<|b|时，余数求解结束。本例中，－5.1 不断加 2.6，直到变成 0.1 时停止，而余数显示为 0.10000000000000053。余数的最终显示值不是 0.1 的原因是浮点数转换成二进制存储时，会产生误差。

答案：0.10000000000000053

5. 表达式 min(['11', '1', '3']) 的值为_____。

分析：min 函数用于对序列结构中的值求最小值。本例中的列表值包括三个字符串，字符串比较大小的规则是逐个字符比较,按字符的编码值判定大小。对于数字字符的大小,字符'0'最小,字符'9'最大。先比较每个字符串的第一字符'1'、'1'、'3',第三个字符串被排除,接着判定第一和第二个字符串的第二个字符,因为第二个字符串没有第二个字符,没有字符为最小。所以'1'最小。

答案： '1'

6. 表达式 $2+9*(18-3*2)//10$ 的值为_____。

分析： Python 表达式中的运算是有先后顺序的。括号()的运算优先级最高,本题括号内的表达式是先算乘法再算减法,则原表达式变为 $2+9*12//10$。运算符 * 、/、%和//的优先级是一样的,则从左向右计算,表达式变为 $2+108//10$。运算符//是整除运算,即取相除结果中的整数,则表达式又变为 $2+10$,最后结果为 12。

答案： 12

7. 语句 print(complex(6.78))输出的结果为_____。

分析： 使用 complex(real[，imag])可以创建复数,real 为实部、imag 为虚部,虚部以 j 作为后缀。本题只有一个参数,故只有实部,虚部为默认值 0。显示复数值时都带有()。

答案： (6.78+0j)

1.3　测　试　题

一、选择题

1. Python 内置函数_____用来返回序列中的最大元素。

A. min()　　　　　B. max()　　　　　C. len()　　　　　D. sum()

2. 下列 4 个选项中,用户标识符均合法的是_____。

A. A	B. float	C. b-a	D. _123
P_ 0	1a0	goto	Temp
if	_A	int	INT

3. 下列 4 个选项中,均是合法整型常量的是_____。

A. 160	B. −0Xcdf	C. −0o17	D. −0X48eg
−0xffff	0o1a	999	26
0b11	12,456	5e2	0x

4. 可以作为 Python 字符串常量的是_____。

A. i　　　　　　　　　　　　　　B. ♯01/01/1999♯

C. 'i'　　　　　　　　　　　　　　D. False

5. 表示"年龄 nl 在 40 岁以上且工资 gz 在 3000 以下的"逻辑表达式是_____。

A. nl>=40 or gz<=3000　　　　　　B. nl>40 and gz<3000

C. nl>40 or gz<3000　　　　　　　D. nl>=40 and gz<=3000

6. 在 Python 中的单行注释是以_____符号开始的。

A. /**/　　　　　B. rem　　　　　C. ♯　　　　　D. //

7. type(1+87.0//12)的运行结果是_____。

A. 出错　　　　　　　　　　　　　B. <class 'int'>

C. < class 'float'>   D. < class 'double'>

8. 若程序只有以下两行代码,则程序的执行结果为_____。

```
#1. >>> m = n + 5
#2. >>> print(m)
```

A. 运行出错   B. 0

C. 输出随机值   D. 5

9. 执行以下代码后的结果为_____。

```
>>> 'hello' - '  h'
```

A. 'ello'   B. 'ello   '

C. 'helloh'   D. 运行出错

10. _____不是 Python 的保留字。

A. AND   B. while   C. None   D. is

11. Python 不支持_____数据类型。

A. char   B. int   C. float   D. list

12. 关于 Python 程序格式框架,以下说法错误的是_____。

A. Python 语言采用严格的"缩进"来表明程序的格式框架

B. Python 语言的缩进只能用 Tab 键实现

C. Python 可以层层缩进多次,代表着不同的层级结构

D. 判断、循环、函数等语法就是通过缩进包含多行 Python 代码,表达对应的语义

13. 关于 Python 程序语言的注释,以下说法错误的是_____。

A. Python 语言有两种注释方式:单行注释和多行注释

B. Python 语言的单行注释是以 # 开头

C. Python 语言的单行注释只能跟在语句的末尾,不能是某行中只有注释

D. Python 语言的多行注释可以以 ''' (三个单引号)开头和结尾

14. 关于 Python 数据类型,以下说法错误的是_____。

A. Python 中的数值型数据类型只有整型和浮点型

B. Python 中浮点数只有十进制形式,不能用二进制、八进制和十六进制等表示浮点数

C. 1.0 == 1 结果为 True,但它们的数据类型不同,1.0 是实数,1 是整数

D. Python 中 'a' 和 "a" 表示的是相同的字符串

15. 关于 Python 的浮点数,以下说法错误的是_____。

A. 浮点数类型与数学中实数的概念一致,表示带小数的数值

B. 1.23456 是浮点数的十进制表示

C. Python 语言的浮点数必须带小数部分

D. e5 是实数的科学计数法表示,值为 10^5

16. 表达式 bin(8) 的计算结果是_____。

A. 出错   B. 1000   C. '1000'   D. '0b1000'

17. 表达式 bool(None) 的计算结果是_____。

A. True   B. False   C. 0   D. 1

18. 已知 x=17,y=4,表达式 divmod(x,y)的计算结果是_____。

A. (4,1)　　　　　B. 4　　　　　　C. 1　　　　　　D. (1, 4)

19. 以下说法正确的是_____。

A. 高级语言程序的执行效率比汇编语言程序高

B. 高级语言源程序翻译时解释方式与编译方式一样,也生成可执行文件

C. Python 只能写成.py 为扩展名的程序文件执行

D. Python 3.x 不向 Python 2.x 向下兼容

20. 以下选项中可以获取 Python 整数类型帮助的语句是_____。

A. dir(integer)　　B. help(interger)　　C. help(int)　　D. dir(int)

21. IDLE 中,将选中代码变成注释的组合键是_____。

A. Alt+3　　　　　B. Ctrl+N　　　　　C. Alt+4　　　　　D. Ctrl+P

22. IDLE 中,将选中代码的缩进取消的组合键是_____。

A. Alt+C　　　　　B. Ctrl+[　　　　　C. Ctrl+V　　　　　D. Ctrl+O

23. 若程序只有以下两行代码,则程序的执行结果为_____。

```
#1. >>> h = 5 - 9.1j
#2. >>> print(h.real)
```

A. 5　　　　　　　B. 9.1　　　　　　C. −9.1　　　　　D. 5.0

24. 若程序只有以下两行代码,则程序的执行结果为_____。

```
#1. >>> j = 100
#2. >>> x = -1j
#3. >>> isinstance(x,int)
```

A. 报错　　　　　B. −100　　　　　C. True　　　　　D. False

二、填空题

1. 表达式 int('654', 8) 的值为_____。

2. 表达式 int(str(34)) == 34 的值为_____。

3. 表达式 chr(ord('A')+1)的值为_____。

4. 表达式(1<2)+3<4 的值为_____。

5. 表达式 eval('1+6') 的值为_____。

6. 表达式 round(3.7) 的值为_____。

7. 已知 m=2,执行语句 m+=3+2**2 后,m 的值为_____。

8. Python 的命名规则中,可以是名称的组成部分但不能作首字符的是_____。

9. Python 代码行中,有相对缩进的第一行代码之前的上一行代码,其末端需要出现_____符号。

10. 多语句在同一行时,需要用_____符号分隔同一行中的多条语句。

11. 若有代数式 $\sqrt{y^x+\lg y}$,则正确的 Python 语言表达式是_____。

12. 若有代数式 $|x^3+\log_{10} x|$,则正确的 Python 语言表达式是_____。

13. 表达式 len('abcdefg')的值是_____。

14. 表达式 abs(3+4j) 的值为____【1】____。表达式 abs(−3)的值为____【2】____。

15. 已知变量 x 是整数，要获取整数 x 的十位值，可以使用表达式_____。

16. 已知 x = (1+2j) 和 y = (6+2j)，那么表达式 x+y 的值为_____。

17. Python 变量名必须以_____开头，并且区分字母大小写。

18. Python 数字类型中包含____【1】____、____【2】____和____【3】____三种类型。

19. 表达式 2*3**3//9%7 的计算结果是_____。

1.4 Python 语言的开发环境

1. Python 开发环境的下载和安装

本书默认使用 Python 的 3.5.2 版本。在浏览器中输入 Python 官网下载页面的地址 https://www.python.org/downloads/，找到页面中部的版本列表（如图 1-1 所示），单击 Python 3.5.2… 中的 Download，出现 Python 3.5.2. 版本的相关信息，在页面中找到如图 1-2 所示的下载文件清单，单击 Windows x86-64 executable installer 下载 Python 3.5.2 安装版的安装文件。

Looking for a specific release?

Python releases by version number:

Release version	Release date		Click for more
Python 3.6.0	2016-12-23	Download	Release Notes
Python 2.7.13	2016-12-17	Download	Release Notes
Python 3.4.5	2016-06-27	Download	Release Notes
Python 3.5.2	2016-06-27	Download	Release Notes
Python 2.7.12	2016-06-25	Download	Release Notes
Python 3.4.4	2015-12-21	Download	Release Notes
Python 3.5.1	2015-12-07	Download	Release Notes
Python 2.7.11	2015-12-05	Download	Release Notes

View older releases

图 1-1　Python 的下载页面

Files

Version	Operating System	Description	MD5 Sum	File Size	GPG
Gzipped source tarball	Source release		3fe8434643a78630c61c6464fe2e7e72	20566643	SIG
XZ compressed source tarball	Source release		8906efbacfcdc7c3c9198aeeefafd159e	15222676	SIG
Mac OS X 32-bit i386/PPC installer	Mac OS X	for Mac OS X 10.5 and later	5ae81eea42bb6758b6d775ebcaf32eda	26250336	SIG
Mac OS X 64-bit/32-bit installer	Mac OS X	for Mac OS X 10.6 and later	11a9f4fc3f6b93e3ffb26c383822a272	24566858	SIG
Windows help file	Windows		24b95be314f7bad1cc5361ae449adc3d	7777812	SIG
Windows x86-64 embeddable zip file	Windows	for AMD64/EM64T/x64	f1c24bb78bd6dd792a73d5ebfbd3b20e	6862200	SIG
Windows x86-64 executable installer	Windows	for AMD64/EM64T/x64	4da6dbc8e43e2249a0892d257e977291	30177896	SIG
Windows x86-64 web-based installer	Windows	for AMD64/EM64T/x64	c35b6526761a9cde4b6dccab4a3d7c60	970224	SIG

图 1-2　Python 3.5.2 的下载文件清单

双击所下载的安装文件 python-3.5.2-amd64.exe,勾选 Add Python 3.5 to PATH 复选框,单击 Install Now 开始安装,如图 1-3 所示。

图 1-3 安装程序的启动界面

安装成功后将显示如图 1-4 所示的界面。

Python 安装包在系统中安装一批与 Python 开发和运行相关的程序,其中最重要的两个是 Python Shell 和 Python 集成开发环境(Integrated Development Environment,IDLE)。

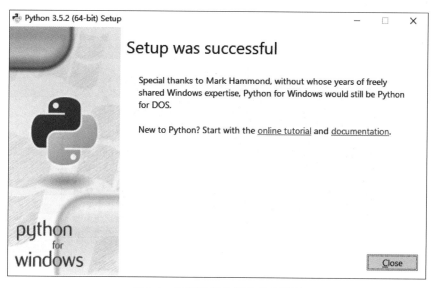

图 1-4 安装程序的安装成功界面

安装完成后,在 Windows 的"开始"菜单可以看到如图 1-5 所示的 Python 程序组。在图 1-5 中单击图标 Python 3.5 (64-bit)会打开 Python Shell,单击图标 IDLE (Python 3.5 64-bit)会打开 Python 自带的集成开发环境 IDLE 窗口。

2. 交互式 Python 指令的输入与执行

运行 Python 程序有两种方式：交互式和文件式。交互式有两种启动和运行方式。

第一种交互式方法：在图 1-5 中单击图标 Python 3.5（64-bit）会打开 Python Shell 窗口，如图 1-6 所示，在命令提示符>>>后输入 Python 代码：

```
print("Hello World")
```

按回车键后立即执行该代码，即可见执行后的输出结果 "Hello World"。

图 1-5 Python 程序组

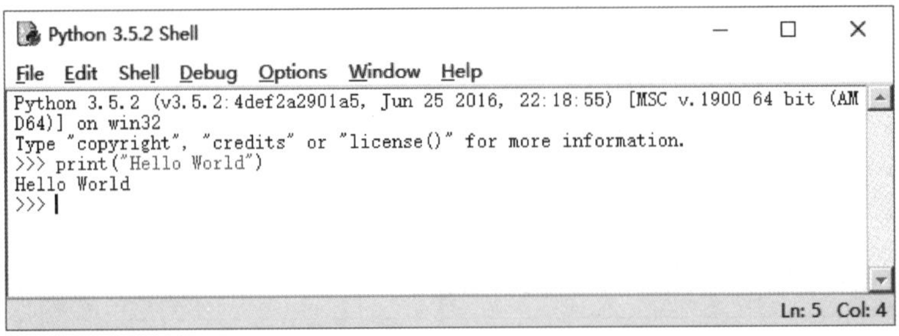

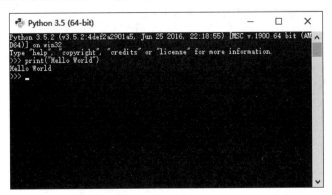

图 1-6 在 IDLE 中交互式执行 Python 代码

第二种交互式方法：在图 1-5 中，单击图标 Python 3.5（64-bit）会打开 Python 的 Python 3.5（64-bit）窗口。例如，在命令提示符>>>后输入 Python 代码：

```
print("Hello World")
```

按回车键后的执行结果如图 1-7 所示。

图 1-7 在 Python 命令行窗口中交互式执行 Python 代码

3. 文件式 Python 程序的输入、编辑和运行

文件式 Python 程序也有两种运行方法。

第一种文件式方法：用其他的编辑软件，例如 Windows 自带的记事本，将编写好的程序以扩展名为.py 的文件保存。预先将只有一行指令的 print("Hello World")的程序存为 hello.py，存放在 D 盘的根目录下。随后的操作步骤如下。

第一步：右击 Windows 的"开始"图标，在快捷菜单中选择"运行"菜单项，或按 Win+R

组合键。打开 Windows 的"运行"对话框,在"打开"文本框中输入"cmd",如图 1-8 所示。

第二步:单击"确定"按钮,打开 Windows 的命令行窗口,如图 1-9 所示。

第三步:输入"d:"后按回车键,进入程序所在的 D 盘根目录,输入命令"python hello. py"或"hello. py"后按回车键,即可运行 hello. py 程序,如图 1-9 所示。

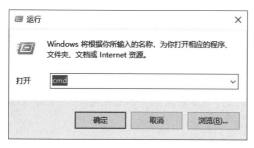

图 1-8　Windows 的"运行"对话框

图 1-9　在 Windows 命令行窗口中运行 Python 程序文件

第二种文件式方法:打开 IDLE,在菜单中选择 File→New File 或按快捷键 Ctrl＋N,打开一个新窗口,这个窗口是一个具备 Python 语法高亮辅助显示的编辑器。在文本编辑区输入: print("Hello World"),并保存为 hello. py 文件,如图 1-10 所示。在菜单中选择 Run→Run Module 或按快捷键 F5,即可运行该文件,运行结果会显示在 Python 3.5.2 Shell 窗口中,如图 1-10 所示。本书默认:交互式执行命令都在 Python 3.5.2 Shell 窗口中进行,Python 程序文件都在 IDLE 中编辑和运行。

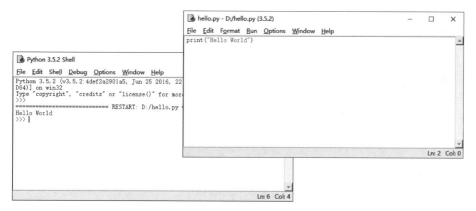

图 1-10　在 IDLE 窗口编辑程序并运行

1.5　实 验 案 例

一、用 IDLE 编译并运行一个 Python 的程序

1. 实验目的

熟悉 Python 的集成开发环境 IDLE。

2. 实验要求

(1) 新建文件。打开 IDLE,在菜单中选择 File→New File 或按快捷键 Ctrl＋N,打开一个新窗口。

（2）输入代码。在刚才打开的窗口的文本编辑区域输入如下代码。

```
#1.  # Ex1-1.py
#2.  #本程序中所有符号都用英文输入状态,除了汉字
#3.  num = input("Please enter a integer number:")
#4.  verb = input("Please enter a verb ending:")
#5.  print("Your MadLib:")
#6.  print("孙悟空从",num,"米的空中跳下来,开始",verb,"!")
```

注意：① 输入代码时,每行代码最左侧的"#数字"不要输入,它们是用于标记代码的行号,可以辅助阅读,并便于本书对相关代码进行说明；② 输入代码时,在英文输入法状态下输入,代码中的所有标点符号必须是英文字符集中的符号。

（3）保存文件。在菜单中选择 File→Save 或 Save as,或按快捷键 Ctrl+S,在"另存为"对话框（图 1-11）的左侧栏中选择存放位置,并将程序文件名设置为 Ex1-1. py,最后单击"保存"按钮。

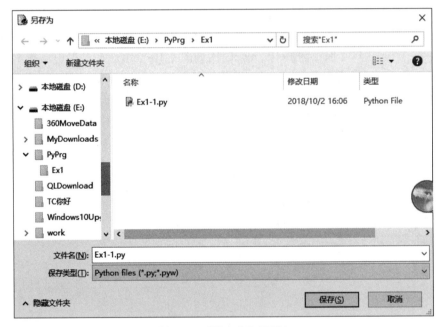

图 1-11 "另存为"对话框

（4）运行程序并观察结果。在菜单中选择 Run→Run Module 或按快捷键 F5,即可运行该文件,在 IDLE Shell 窗口中分别输入"100"和"跳舞",最终的运行结果如图 1-12 所示,图中有外边框的文字是运行时输入的内容。

（5）修改代码。将代码行 #6 中的 print 改为 printf,再次运行代码,会得到如图 1-13 所示的运行结果。

（6）观察出错信息。本次改动代码后,发生运行错误,Python 的 Shell 窗口中会给出错误警报,并指出错误发生的行号（图 1-13 中的箭头指向的内容）,程序员可以根据这个提示检查代码。

图 1-12 程序 Ex1-1.py 的运行结果

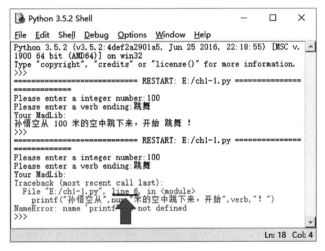

图 1-13 程序 Ex1-1.py 出错的运行结果

二、输出 * 组成的三角形

1. 实验目的

初步体验 Python 的 print 函数的功能。

2. 实验要求

新建文件,输入下面的代码,并保存为程序 Ex1-2.py,运行程序文件并观察结果。

3. 实现代码

```
#1.  #Ex1-2.py - output a triangle
#2. print("*")
#3. print("**")
#4. print("***")
#5. print("****")
```

三、赋值操作和算术运算符的使用

1. 实验目的

掌握赋值操作和算术运算符的基本使用规则。

2. 实验要求

打开 IDLE,在交互执行方式下输入语句,记录执行结果(注：如果显示大段出错提示,可简记为"出错"),并理解其相关的 Python 语法规则。

3. 实验内容

♯1. >>> 3 + 5, 7.8 − 2, 8.12 + 9.13

_____

♯2. >>> 3 * 4, 3.0 * 4, 3.0 * 4.0, 9.56 * 7

_____

♯3. >>> 3/4, 3.0/4, 3.0/4.0, 9.56/7

_____

♯4. >>> 13 ％ 4, 13.0 ％ 4, 13 ％ 3.8

_____

♯5. >>> 2 ** 3, 2 ** 3.1, 2.1 ** 3, 2.5 ** 2.5

_____

♯6. >>> 17//3, 17.0//3, 17//3.0, 17.0//3.0

_____

♯7. >>> 17.2//3, 17.2//3.9

_____

♯8. >>> x = 3

♯9. >>> x

_____

♯10. >>> x + 0.1, x − 1, x * 0.13, x/97

♯11. >>> x

_____

♯12. >>> y = x

♯13. >>> x = 9

♯14. >>> x, y

_____

♯15. >>> a = b = c = 3

♯16. >>> a, b, c

_____

♯17. >>> a = 2 b = 3 c = 5

_____

♯18. >>> a = 2, b = 3, c = 5

_____

♯19. >>> a, b, c = 1, "Hi", False   ♯False 的 F 一定要大写

♯20. >>> a, b, c

_____

四、常量和变量

1. 实验目的

(1) 掌握 Python 常量和变量的基本使用规则。

(2) 了解 Python 对于整数和短小的字符所执行的缓存机制。缓存机制是指将这些对象进行缓存,不会为相同的对象分配多个内存空间。

2. 实验要求

打开 IDLE,在交互执行方式下输入语句,记录执行结果(注:如果显示大段出错提示,可简记为"出错"),并理解其相关的 Python 语法规则。

3. 实验内容

♯1. >>> a = 3

```
# 2.  >>> a,type(a),id(a)
```

```
# 3.  >>> 3,type(3),id(3)
```

```
# 4.  >>> b = 3
# 5.  >>> b,type(b),id(b)
```

```
# 6.  >>> 0
```

```
# 7.  >>> a = 0
# 8.  >>> a,type(a),id(a)
```

```
# 9.  >>> a = 3.14
# 10.  >>> a,type(a),id(a)
```

```
# 11.  >>> a = "Hi!World!
```

```
# 12.  >>> a = "Hi!World!"
# 13.  >>> a,type(a),id(a)
```

```
# 14.  >>> a = - 3 + 2.3j
# 15.  >>> a,type(a),id(a)
```

```
# 16.  >>> a = a + 5 - 2.6j
# 17.  >>> a,type(a),id(a)
```

```
# 18.  >>> a = [1,2,3]
# 19.  >>> a,type(a),id(a)
```

```
# 20.  >>> a = {1:'red',2:'yellow',3:'blue'}
# 21.  >>> a,type(a),id(a)
```

```
# 22.  >>> a = (2, - 5,6)
# 23.  >>> a,type(a),id(a)
```

```
# 24.  >>> a = {'R','G','B'}
# 25.  >>> a,type(a),id(a)
```

```
# 26.  >>> a = True
# 27.  >>> a,type(a),id(a)
```

```
# 28.  >>> a = None
# 29.  >>> a,type(a),id(a)
```

五、内置函数的使用

1. 实验目的

掌握 Python 内置函数的基本使用规则。

2. 实验要求

打开 IDLE,在交互执行方式下输入语句,记录执行结果(注:如果显示大段出错提示,可以简记为"出错"),并理解其相关的 Python 语法规则。

3. 实验内容

♯1. >>> abs(- 3.4),abs(5)

_____

♯2. >>> pow(2,6), pow(2.1,6)

_____

♯3. >>> divmod(17,5),divmod(- 17, - 5), divmod(- 17,5), divmod(17, - 5)

_____

♯4. >>> round(3.9),round(5.49),round(- 3.9),round(- 5.19)

_____

♯5. >>> int(100.4999999999999), int('789')

_____

♯6. >>> int('FF',16), int('0xFF'),int('111',2),int('0b111')

_____

♯7. >>> float(5),float('3.14') ,float('INF')

_____

♯8. >>> chr(65),ord('0') + 1,chr(ord('b') + 3)

_____

♯9. >>> str(5),str(5.123456789123456) ,len(str(5.123456789123456))

_____

♯10. >>> str([1,2,3]),str((1,2,3)),str({1,2,3})

_____

♯11. >>> max(2,29),max(- 3, - 17),min(2,29),min(- 3, - 17)

_____

♯12. >>> sum([- 1,12,34,24,15,6]),max([- 1,12,34,24,15,6]),min([- 1,12,34,24,15,6])

_____

六、引用库与使用库函数

1. 实验目的

（1）初识 Python 标准库或第三方库的引用方法。

（2）了解调用标准库或第三方库中的函数的方法。

（3）了解常用标准库 time、random 和 math 库中一些函数的意义。

2. 实验要求

打开 IDLE,在交互执行方式下输入语句,记录或观察执行结果。

3. 实验内容

1）引用标准库 time 库

♯1. >>> import time   ♯ 引用库的第一种方式
♯2. >>> time.localtime()

_____

♯3. >>> time.time()

_____

♯4. >>> now = time.time()
♯5. >>> time.gmtime(now)

_____

♯6. >>> time.localtime(now)

```
#7. >>> time.ctime(now)
```

```
#8. >>> lctime = time.localtime()
#9. >>> lctime
```

```
#10. >>> time.strftime('%Y-%m-%d %H:%M:%S',lctime)
```

2）引用标准库 random

```
#1. >>> from random import *    # 引用库的第二种方式
#2. >>> seed(20)
#3. >>> random()
```

```
#4. >>> random()
```

```
#5. >>> seed(20)    #再次设置相同的随机种子20,其后产生的随机数与之前相同
#6. >>> random()
```

```
#7. >>> random()
```

```
#8. >>> randint(0,100)
```

```
#9. >>> randint(0,100)
```

```
#10. >>> choice([2,3,5,7,11,13,17,19,23,29])
```

```
#11. >>> choice([2,3,5,7,11,13,17,19,23,29])
```

3）引用标准库 math

```
#1. >>> import math as m    # 引用库的第一种方式,且增加了库的别名
#2. >>> math.pi, m.pi
```

```
#3. >>> m.pi, m.e
```

```
#4. >>> math.fabs(-3), m.fabs(-3)
```

```
#5. >>> m.ceil(3.6),m.floor(3.6)
```

```
#6. >>> m.ceil(3.1),m.floor(3.1)
```

```
#7. >>> help(m)
```

4）引用标准库 turtle

```
#1. >>> import turtle
```

```
♯2.  >>> turtle.forward(200)      ♯小海龟向前 200,即画长度为 200 的直线
♯3.  >>> turtle.left(90)          ♯小海龟向左转(逆时针转)90°
♯4.  >>> turtle.forward(180)
♯5.  >>> turtle.left(90)
♯6.  >>> turtle.forward(160)
♯7.  >>> turtle.left(90)
♯8.  >>> turtle.forward(140)
♯9.  >>> turtle.left(90)
♯10. >>> turtle.forward(120)
♯11. >>> turtle.left(90)
♯12. >>> turtle.forward(100)
```

连续准确地输入上述命令后,可以得到如图 1-14 所示的绘图结果。若中间有命令输错,则输出的效果就会未知,此时可关闭 turtle 的绘图窗口后,从♯1 开始重新输入各行命令。

读者可以选中命令文字利用复制粘贴操作快速准确输入新的命令行,或使用 Alt＋P 和 Alt＋N 快捷键翻查已经输入过的历史命令,然后修改历史命令为当前命令后,按回车键确认当前命令。

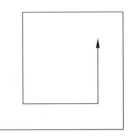

图 1-14　turtle 库绘图效果

4. 思考题

(1) 查阅课外资料,如何获得今天的年、月、日信息?

(2) random()函数产生的随机数的范围是什么?

(2) 查阅课外资料,了解 math 库中更多的数学函数。

七、绘图功能演示

1. 实验目的

(1) 体验利用 Python 标准库 turtle 进行连续绘图。

(2) 初识 for 循环语句。

2. 实验要求

打开 IDLE,输入下面的代码,并按要求保存,运行程序并观察结果。本程序需运行较长时间,请勿提前关闭运行结果窗口。

3. 实现代码

(1) 程序一:保存为程序文件 Ex1-7-1.py。

```
♯1.  ♯Ex1-7-1.py - Draws a square spiral
♯2.  import turtle
♯3.  t = turtle.Pen()
♯4.  ♯ range(100)产生 0～99 共 100 个数,for 循环遍历这 100 个数,即重复执行 100 次
♯5.  for x in range(100):
♯6.      t.forward(x)              ♯ 缩进的♯6～7 行为被重复执行的语句
♯7.      t.left(90)
```

(2) 程序二:保存为程序文件 Ex1-7-2.py。

```
♯1.  ♯Ex1-7-2.py - Draws a square spiral
♯2.  import turtle
♯3.  t = turtle.Pen()            ♯ 设置小海龟画笔
```

```
♯4.  turtle.bgcolor("black")     ♯ 设置绘图区的背景色为黑色
♯5.  colors = ["red","yellow","blue","green"]     ♯绘图过程中会轮换出现的颜色
♯6.  for x in range(100):
♯7.      t.pencolor(colors[x % 4])      ♯设置画笔颜色
♯8.      t.circle(x)                    ♯画圆
♯9.      t.left(90)
```

4. 思考题

（1）将 Ex1-7-1. py 的 ♯7 代码行中的 90 改为 91,运行结果会有什么变化？

（2）将 Ex1-7-2. py 的 ♯4 代码行删除,运行结果会有什么变化？

第2章 顺序结构

2.1 知识要点

2.1.1 程序的控制结构

1. 程序的三种控制结构

程序的三种基本控制结构是：顺序结构、分支结构和循环结构。

顺序结构是按照程序语句书写的先后顺序向前执行的方式（图 2-1）。分支结构是根据条件的不同而选择不同向前执行路径的一种代码结构。循环结构是根据条件的结果重复执行一段代码的一种代码结构。

2. 顺序结构

程序的指令/语句默认的执行结构是顺序结构，在顺序结构中使用分支语句或循环语句，程序的部分结构就会变为分支结构和循环结构。

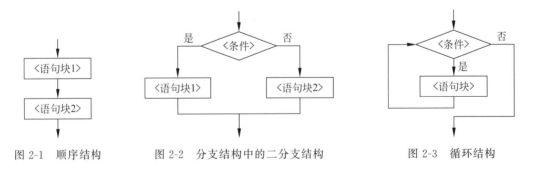

图 2-1　顺序结构　　　　图 2-2　分支结构中的二分支结构　　　　图 2-3　循环结构

3. Python 中的控制语句

表 2-1 给出了 Python 中的控制语句。

表 2-1　Python 的控制语句

语　　句	名　　称
if…elif…else…	条件语句
for…in…	遍历循环语句
while…	无限循环语句
break	跳出最内层循环语句
continue	结束本次循环语句
pass	空语句
try…except…	异常处理语句
assert	断言语句

4. pass 语句

pass 是空语句,pass 不做任何事情,仅用作占位,使用它后可保持程序结构的完整性。

2.1.2　赋值语句

赋值语句先计算等号右侧的表达式,然后将计算结果值赋给左侧变量。赋值有以下三种形式。

1. 基本赋值

一般格式如下:

变量 1 = [变量 2 = [变量 3 = …]] 表达式

作用是将最右边等号右侧的表达式的计算结果赋值给左侧所有的变量。

2. 同步赋值

一般格式如下:

变量 1, …, 变量 n = 表达式 1, …, 表达式 n

作用是先运算右侧的 n 个表达式,再将表达式的结果依次赋值给左侧 n 个变量。
例如,a,b＝b,a 可以实现 a 与 b 变量的值互换。

3. 复合赋值

一般格式如下:

变量 += 表达式

作用是将表达式的计算结果加上变量原来的值,再赋值给等号左侧的变量。

复合赋值还有＋＝、－＝、＊＝、\＝、\\＝、％＝、＊＊＝、<<＝、>>＝、＆＝、|＝、^＝等。

Python 采用基于值的内存管理模式。赋值语句的执行过程是:首先把等号右侧表达式的值计算出来,然后在内存中匹配是否已有该值存在,若存在则令变量指向已有值的存储空间地址,若该值不存在,则在内存中的空闲位置存入该值,再令变量指向这个新值的内存地址。

2.1.3 数据输入/输出

Python 中有 3 个基本的输入输出函数 input()、eval()和 print(),用于输入、转换和输出。

1. input()函数

input()函数从控制台获得用户的一行输入,无论输入什么,都以字符串类型返回结果。input()函数的一般格式如下。

```
变量 = input(提示性文字)
```

提示性文字是会出现在输入光标前的文字。

2. eval()函数

eval()函数去掉字符串最外侧的引号,按照 Python 语句方式执行字符内的表达式。eval()函数的一般格式如下。

```
变量 = eval(字符串)
```

3. print()函数

print()函数用于输出运行结果。两种格式如下。

```
格式 1: print(表达式 1[, 表达式 2[, … ]] , sep = ' ', end = '\n')
格式 2: print(输出字符串模板.format(表达式 1[, 表达式 2[, … ]]) , sep = ' ', end = '\n')
```

格式 2 的输出字符串模板中,用{}表示一个占位符,一个{}占位符与后面的一个表达式对应。

2.1.4 异常处理结构

1. 程序错误与异常

程序中的错误通常分为语法错误、运行错误和逻辑错误。语法错误可由编译器或解释器检查、发现并提示。运行错误的发生是不可预料或可预料但无法避免,且会引起程序无法继续执行。逻辑错误的程序可运行,但程序的运行结果和预期结果不同。

语法错误和运行错误的发生会引发程序无法继续执行,即发生了程序异常。异常也是 Python 对象,系统会通过异常对象标记该错误。Python 提供了 try 语句来捕获异常并处理,还提供了 assert 语句主动引发异常。

2. try 语句

try 语句的格式如下。

```
try:
    语句块
except [异常类 1 [as 错误描述 1]]:
    语句块 1
[except [异常类 2 [as 错误描述 2]]:
    语句块 2
    … ]
```

```
[except (异常类型 3,异常类型 4,…)[ as 错误描述 3]:
    语句块 3]
[else:
    语句块 n + 1]
[finally:
    语句块 n + 2]
```

程序正常执行语句块中的语句,若在执行过程中发生异常,则与 except 后的异常类 1、异常类 2、异常类 3、异常类 4、…匹配,若匹配成功,则执行对应的语句块 1、语句块 2、语句块 3;如果没有发生异常,则执行 else 后的语句块 n+1;不管有没有异常发生,最后都要执行 finally 后的语句块 n+2。

3. assert 语句

assert 语句的格式如下。

```
assert 逻辑表达式[,错误描述]
```

逻辑表达式为 True,则什么都不发生,为 False,则引发 AssertionError 类异常。

2.2 例题分析与解答

一、选择题

1. 先执行语句 x=18,那么执行语句 x−=5 之后,x 的值为_____。

A. 13　　　　　　　B. 18　　　　　　　C. 5　　　　　　　D. False

分析:−=是减法赋值操作,x−=5 等价于 x=x−5。该语句执行之前 x 指向的是值 18,然后计算 x−5,18−5 后为 13,再进行赋值,则 x 不再指向 18 而是指向值 13。因此,x 的值为 13。

答案:A

2. 执行以下程序,输入 3,输出的结果是_____。

```
#1. n = input()
#2. m = n + 7
#3. print(m)
```

A. 10　　　　　　　B. '37'　　　　　　C. 程序出错　　　　D. 37

分析:Python 3.0 中的 input()函数返回的必定是字符型的结果,而#2 行中的+运算符两侧的数据类型不同,无法相加,则显示出错信息。

答案:C

3. 下列语句,运行时会出错的是_____。

A. x1,x2=x2,x1　　B. m=(n=x/2)　　C. a=b=c=0　　D. i+=1

分析:Python 的几种赋值形式:①基本赋值,格式:<变量 1>=[<变量 2>=[<变量 3>=…]]<表达式>,选项 C 对应该格式;②同步赋值,格式:<变量 1>,…,<变量 n>=<表达式 1>,…,<表达式 n>,选项 A 对应该格式;③复合赋值,格式形如:<变量>+=<表

达式＞,选项 D 对应该格式。Python 中的赋值不是运算符,不能作为表达式的一部分,即不能出现在()中。若选项 B 把括号去掉,则不会出错,对应于基本赋值格式。

答案：B

4. 以下_____不是 Python 的保留字。

A. None　　　　　　　B. sum　　　　　　　C. pass　　　　　　　D. finally

分析：None 是 Python 的一个特殊的常量,用于表示无数据。pass 是空语句,pass 不做任何事情,仅用作占位。finally 是异常处理结构 try 中的一个子句。sum 是一个内置函数,不是保留字,也可以用作变量名。

答案：B

5. 如果 Python 程序执行时产生了"TypeError"的错误,其原因是_____。

A. 代码中缺少":"符号

B. 代码中使用错误的关键字

C. 代码中的数据类型不匹配

D. 代码里的语句嵌套层次太多

分析：代码中缺少":"符号属于语法错误,不会产生错误类名。使用错误关键字,一般会产生"NameError"错误。语句嵌套层次太多不一定产生错误,可能是问题处理需要多层次的嵌套。"TypeError"的错误就是代表数据类型不匹配,故本题选 C。

答案：C

6. 以下描述错误的是_____。

A. 编程语言中的异常和错误是完全相同的概念

B. try-except 可以在函数、循环体中使用

C. Python 通过 try、except 等保留字提供异常处理功能

D. 当 Python 脚本程序发生了异常,如果不处理,运行结果不可预测

分析：异常和错误是不同的概念,异常仅指程序运行时发生的一些错误,而错误的范围更为广泛,还包括语法错误和逻辑错误等。

答案：A

二、填空题

1. 已知 x＝16,y＝7,则执行语句 x,y＝y,x 后,x 的值是 ____【1】____,y 的值是 ____【2】____。

分析：Python 赋值运算具有同步复制功能,即将赋值符号右侧的各项计算结果值先"记录在案",再按"对号入座"的方式依次赋值给左边的各个变量。x,y＝y,x 即将原来的 y 值赋给 x,x 变为 7,原来 x 的值赋给 y,y 变为 16。

答案：【1】7【2】16

2. 执行以下代码后,输出的结果是_____。

```
#1. a = 100
#2. a = eval('a + 5')
#3. print(a)
```

分析：Python 的 eval 函数是将字符串的内容当作一个表达式执行,所以#2 行中＝右侧的内容等价于 a＋5,即#2 行整个语句等价于 a＝a＋5,所以 a 的值由 100 变为 105。

答案：105

3. 执行以下代码后，输出的结果是_____。

```
#1. a = 100
#2. pass
#3. print(a)
```

分析：#2 行代码中，pass 语句不做任何事。pass 语句一般用作占位，本题可以理解或猜测，#1 行和 #3 行之间还需要一些别的代码，但是暂时用 pass 占位，等待后期再完善代码。

答案：100

2.3 测 试 题

一、选择题

1. 执行以下程序时，输入 1，2，3，显示的结果是_____。

```
#1. x = input('Please input:')
#2. print(type(x))
```

A. < class 'tuple'>   B. < class 'int'>

C. < class 'str'>   D. < class 'list'>

2. 执行以下程序时，输入 1，2，3，显示的结果是_____。

```
#1. x = input('Please input:')
#2. print(type(eval(x)))
```

A. < class 'tuple'>   B. < class 'int'>

C. < class 'str'>   D. < class 'list'>

3. 执行以下程序时，输入 34，显示的结果是_____。

```
#1. x = input('Please input:')
#2. a,b,c = map(int,x)
#3. print(a + b + c)
```

A. 7   B. 不确定值   C. 34   D. 运行出错

4. 执行以下程序时，输入 How，are，you，显示的结果是_____。

```
#1. s = input('x,y,z = ')
#2. a,b,c = sorted(s.split(','))
#3. print(a,b,c)
```

A. How are you   B. are How you

C. How,are,you   D. are,How,you

5. 关于程序的异常处理，以下说法正确的是_____。

A. Python 通过 try、except 等保留字提供异常处理功能

B. 对于 Python 异常处理代码在发生异常时，无法再进行异常处理

C. Python 的异常处理都能用 if 语句来替代

D. 程序一旦发生异常后,虽能用异常处理代码处理,而处理完毕后则只能结束程序运行

6. 不属于 Python 中异常处理结构的关键字是_____。

A. try   B. else   C. if   D. finally

7. 运行以下代码后,输入 2 3,能令变量 x 和 y 的值为 2 和 3 的是_____。

A. x,y＝eval(input())   B. x,y＝input(). split(',')

C. x,y＝map(int,input(). split())   D. x,y＝input()

8. 已知 a 和 b 是整数,_____不能使 a,b 的值交换。

A. a,b＝b,a	B. t＝a	C. a＝a＋b	D. a＝b
	a＝b	b＝a－b	b＝a
	b＝t	a＝a－b	

9. 以下语句正确的是_____。

A. x ＝＝（y＝z）   B. a＝b＝c＝1

C. m!＝(n＝3)   D. m＝'z';m－＝32

10. 关于 Python 中的赋值语句,以下描述错误的是_____。

A. ＝表示赋值操作

B. 赋值＝和算术运算符结合为复合赋值,有＋＝、－＝、*＝、\＝、\\＝、%＝、**＝

C. a,b＝3,4 是不被允许的

D. x＝y＝z＝10 是被允许的

11. 函数_____是 Python 中用于输出信息的。

A. print()   B. exit()   C. format()   D. output()

12. 利用字符串的 format 方法格式化输出时,_____能控制浮点数输出两位小数。

A. {.2}   B. {:.2}   C. {.2f}   D. {:.2f}

13. 关于 Python 语言中的 try 语句,以下说法错误的是_____。

A. 一个 try 代码块可以对应多个处理异常 except 代码块

B. 当执行 try 代码块发生异常后,会执行 except 后面的语句

C. try 用来捕获执行代码时发生的异常,处理异常后能够回到异常处继续执行

D. try 代码块不触发异常时,不会执行 except 后面的语句

二、填空题

1. 程序控制结构有三种,分别是____【1】____、____【2】____、____【3】____。

2. 执行语句 x, y, z ＝ '123' 之后,y 的值为_____。

3. 在 try…except…异常处理结构中,_____子句用于尝试捕捉可能出现的异常。

4. 执行以下程序后的输出结果是_____。

```
#1. try:
#2.     x = 10/0
#3. except:
#4.     print('Error!')
#5. else:
#6.     print('AAA')
```

```
#7. finally:
#8.    print('BBB')
```

5. 可以输出显示"Hello World!"的 Python 语句是_____。

6. 表达式 eval('500//10')的结果是_____。

三、编程题

1. 编写程序,输入正方形的边长,求正方形的面积并输出结果。

2. 编写程序,输入一个三位及三位以上的整数,输出其百位及百位以上的数字。例如,用户输入 1234,则程序输出 12。

3. 编写程序,输入一个华氏温度 F,要求输出摄氏温度 c。温度换算公式为:c＝5/9(F-32),输出结果保留两位小数。

4. 编写程序,输入一个等差数列的前两项 a1、a2 和项数 n,求第 n 项的值。

2.4　实验案例

一、输入输出函数的使用

1. 实验目的

掌握输入输出函数的基本使用规则。

2. 实验要求

打开 IDLE,在交互执行方式下,输入语句,在下画线上记录执行结果(注:如果显示大段出错提示,可以简记为"出错"),并理解输入输出函数的基本使用规则。

3. 实验内容

```
#1. >>> x = input("please input:")       #出现光标后,输入任意值
#2. >>> print(x)
```
_____

```
#3. >>> print("x")
```
_____

```
#4. >>> eval("1 + 2")
```
_____

```
#5. >>> y = "1 + 2"
#6. >>> print(y)
```
_____

```
#7. >>> eval("1 > 3")
```
_____

```
#8. >>> a = eval("50/4")
#9. >>> print(a)
```
_____

```
#10. >>> print("a")
```
_____

```
#11. >>> eval("b = 12/5")
```
_____

```
#12. >>> c = eval("200")
#13. >>> c = c + 1
#14. >>> print(c)
```
_____

♯15. >>> d = "200"
♯16. >>> d = d + 1

_____

♯17. >>> print(d)

_____

♯18. >>> d = d + '1'
♯19. >>> print(d)

_____

二、求三数的和、平均值

1. 实验要求

输入 3 个实数,求出这 3 个数的和、平均值,并在屏幕上输出。编写并输入代码,保存到程序文件 Ex2-2.py 中,运行程序并观察结果。

2. 算法分析

先使用 input 函数输入三个值,然后计算出它们的和,再求平均值,最后使用 print 函数输出。注意,可以使用 float 或 eval 函数将 input 函数输入的文本转换为浮点数。例如:x = float(input())。

三、计算扔铅球的成绩

1. 实验要求

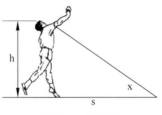

Py 同学参加校园扔铅球比赛,输入 Py 的身高 h 厘米(h 为实数),球落地点与 Py 头部的连线与水平线的夹角 x(x 是弧度),如图 2-4 所示,编写程序计算 Py 扔铅球的水平距离,输出时保留到小数点后三位。

假设所输入的 a 和 x 的值必定满足 140 < h < 200,0 < x < 1.5,如 a = 165.5,x = 1.1,则输出 84.234。编写并输入代码,保存到程序文件 Ex2-3.py 中,运行程序并观察结果。

图 2-4　扔铅球

2. 算法分析

Py 是垂直站立的,所以 Py 和铅球落地点构成一个直角三角形。在直角三角形中,已知直角三角形的一个锐角为∠x,且直角边 h 为∠x 的对边,求另一条直角边 s。根据正切函数 tan(x) = h/s,求另一条直角边的公式是 s = h/tan(x)。也可以利用反切函数 atan() 来求解。

注意:本题中 h,s 都是浮点数,且 x 是弧度。程序可能要使用的数学函数可以引用 math 库。以下是使用 math 库中 tan 函数代码示例。

```
♯1. import math
♯2. x = math.tan(0.8)
```

本程序处理过程:输入身高 h 和角度 x,算出铅球距离 s,最后输出。

四、求三角形的面积

1. 实验要求

输入三角形的三边长度 a,b,c,求出三角形面积(假定输入的三边必定能构成三角形)。

三角形面积公式:area $= \sqrt{s(s-a)(s-b)(s-c)}$,其中,s = (a+b+c)/2。

编写并输入代码,保存到程序文件 Ex2-4.py 中,运行程序并观察结果。

2. 算法分析

输入三角形三边长 a,b,c,先计算出半周长 s,再代入三角形面积公式求出面积,最后输出面积。

表示乘法运算时,一定要加 * 符号,例如表示 a 与 b 相乘,应写为 a * b,不能写 ab。math 库中有求平方根函数 sqrt,或者使用 x ** 0.5 表示 $\sqrt{x}$,其中 ** 是幂运算符。

五、语句出错与出错信息分析

1. 实验目的

了解出错信息的含义及常见出错信息。

2. 实验内容

1) Python Shell 中的出错提示

打开 IDLE,在交互执行方式下输入语句,在空白处记录执行结果或填入相应的分析结果。

```
#1.  >>> print(v245)          #  #2~#5 为出错信息
#2.  Traceback (most recent call last):
#3.    File "<pyshell#13>", line 1, in <module>
#4.      print(v245)
#5.  NameError: name 'v245' is not defined
```

分析上述出错信息可知:① 由 #3 行可知,错误发生在 _____ 中(填"Python Shell"或"***.py"),第 _____ 行,错误类是 _____,错误的原因是 _____。

```
#6.  #按照上面的格式将下面代码的横线处填满。
#7.  >>> a = 12
#8.  >>> c = a/b
#9.  Traceback (most recent call last):
#10.   File "<_____#____>", line 1, in <module>
#11.     c = a/b
#12.  _____ : _____
#13. >>> b = 0
#14. >>> c = a/b
#15. Traceback (most recent call last):
#16.   File "<_____#____>", line 1, in <module>
#17.     c = a/b
#18.  _____ : _____
#19. >>> b = 'abc'
#20. >>> c = a/b
#21. Traceback (most recent call last):
#22.   File "<_____#____>", line 1, in <module>
#23.     c = a/b
#24.  _____ : _____
#25. >>> b = 2
#26. >>> c = a/b
#27. >>> c
#28.  _____
#29. >>> print(x = 100)
#30. Traceback (most recent call last):
```

```
#31.   File "<_____#____>", line ____, in <module>
#32.     print(x = 100)
#33. _____ : _____
#34. >>> x
#35. Traceback (most recent call last):
#36.   File "<_____#____>", line ____, in <module>
#37.     x
#38. _____ : _____
#39. >>> x = a * (b + c))
#40. _____ : _____
#41. >>> y = (1,2,3)
#42. >>> print(y(1))
#43. Traceback (most recent call last):
#44.   File "<_____#____>", line ____, in <module>
#45.     print(y(1))
#46. _____ : _____
#47. >>> print(y[1])
#48. 2
#49. >>> print(y[3])
#50. Traceback (most recent call last):
#51.   File "<_____#____>", line ____, in <module>
#52.     print(y[3])
#53. _____ : _____
#54. >>> z = "hello" #此处的双引号是中文输入法下的双引号
#55. _____ : _____
```

2）IDLE 中执行程序文件时的出错提示

以下程序实现的功能：输入一个数值，将该值加 12，若新值大于 20，则输出新值。打开 IDLE，输入下面代码，并保存为程序文件 Ex2-5.py。多次运行程序，分别尝试输入 100 和 0，观察运行结果并记录出错信息（表 2-2），最终将程序修改正确并保存。

```
#1.  a = input('please input a Number:')
#2.  b = a + 12
#3.  if b > 20
#4.  prin(b)
```

表 2-2　出错信息记录

出错次数	行数	改正后的语句	出错类型和原因
第 1 次	#3	if b > 20:	语法错：invalid syntax if 语句的条件后必须有冒号
第 2 次	#4	光标定位到首字符前，按 Tab 键 令语句缩进	语法错：expected an indented block if 语句的子语句块必须缩进
第 3 次			
第 4 次			
第 5 次			

第3章 选择结构

3.1 知识要点

3.1.1 条件的描述

在选择结构和循环结构中,程序是根据条件来执行代码的。Python 中条件是一个表达式,表达式的结果对应布尔型(bool)的两个值 True 或 False,True 表示条件成立,False 代表条件不成立。

当条件表达式的结果值不直接为 True 或 False 时,None、任何数值类型中的 0、空字符串""、空元组()、空列表[]、空字典{}、空集合等都等价于 False,其他值等价于 True。

1. 关系运算符

关系运算符用于比较两个操作数的大小关系,Python 的关系运算符见表 3-1。

表 3-1 Python 的关系运算符

关系运算符	数学符号	含　义
<	<	小于
<=	≤	小于等于
>=	≥	大于等于
>	>	大于
==	=	等于
!=	≠	不等于

Python 允许在一个关系表达式中比较多个值,但大小关系不具有传递性,仅当表达式中多个关系运算的计算结果都为 True 时,才显示 True 的结果。

2. 逻辑运算符

逻辑运算是对多个逻辑结果进行运算,一般用于表达多个条件之间的相互关系。Python 中参与逻辑运算的操作数可以为非布尔型(bool)数据,逻辑运算的结果也可以为非布尔型(bool)数据。表 3-2 是 Python 中的逻辑运算符及其运算规则。

表 3-2　Python 的逻辑运算符

逻辑运算符	含　义
not	取反运算。True（或与 True 等价的数据）变 False，False（或与 False 等价的数据）变 True
and	与运算。仅当两个操作数的值都等价于 True 时，运算结果为第二个操作数的值；若有至少一个操作数等价于 False，运算结果就是第一个等价于 False 的操作数的值
or	或运算。有一个或两个操作数的值等价于 True，运算结果就为第一个等价于 True 的操作数的值；如果两个操作数都等价于 False，运算结果为第二个等价于 False 的操作数的值

3. 成员运算符

Python 的成员运算符用于确认数据是否是序列结构中的某个成员，表 3-3 是 Python 中的成员运算符。

表 3-3　Python 的成员运算符

成员运算符	含　义
in	在指定的序列中找到值就返回 True，否则返回 False
not in	在指定的序列中没有找到值就返回 True，否则返回 False

4. 身份运算符

Python 的身份运算符用于判断是否为同一个对象，表 3-4 是 Python 中的身份运算符。

表 3-4　Python 的身份运算符和身份函数

身份运算符	含　义
is	判断两个标识符是否引用自一个对象，是就返回 True，否则返回 False
not is	判断两个标识符是否引用自不同对象，是就返回 True，否则返回 False

5. 条件运算符

Python 的条件运算符的格式：

```
表达式 1 if 条件 else 表达式 2
```

表示当满足条件则返回表达式 1 的计算结果，不满足条件则返回表达式 2 的计算结果。

3.1.2　选择结构

1. 单分支结构的 if 语句

格式如下：

```
if 条件：
    语句块
```

当语句块只有一条语句时，也可以写成如下格式：

```
if 条件: 单语句
```

2. 双分支结构的 if…else 语句

格式如下:

```
if 条件:
    语句块 1
else:
    语句块 2
```

3. 多分支结构的 if…elif…else 语句

格式如下:

```
if 条件 1:
    语句块 1
elif 条件 2:
    语句块 2
elif 条件 3:
    语句块 3
…
else:
    语句块 n
```

3.2 例题分析与解答

一、选择题

1. 已知 x＝2,y＝8,表达式 x＋y and y％2 的值为_____。

A. False   B. True   C. 10   D. 0

分析:与运算 and 的运算规则:仅当两个操作数的值都等价于 True 时,运算结果为第二个操作数的值,若其中有一个操作数等价于 False,运算结果就是第一个等价于 False 的操作数的值。第一个操作数 x＋y 的值为 10,非零值等价 True,第二个操作数 y％2 的值为 0,0 等价于 False,即结果为 0。

答案:D

2. 已知 x＝4,y＝7,表达式 x＋y or y％x 的值为_____。

A. False   B. True   C. 11   D. 3

分析:或运算 or 的运算规则:只要有操作数的值等价于 True,运算结果就为第一个等价于 True 的操作数的值,否则,运算结果为第二个等价于 False 的操作数的值。第一个操作数 x＋y 的值为 11,非零值等价 True,此时,直接取 11 为整个表达式的结果。系统不再计算表达式中 y％2 的计算结果。

答案:C

3. 下列正确的语句是_____。

A. if a＞b:　　　B. if and :　　　C. if a＞0 a＝m　　　D. if 3＜4:
　　print(a)　　　　　print(2)　　　　　　　　　　　　　print(3)
　　　　　　　　　　　　　　　　　　　　　　　　　　　else
　　　　　　　　　　　　　　　　　　　　　　　　　　　print(4)

分析：选项 B 中的条件仅出现了一个逻辑运算符是不合法的，选项 B 是错误的。选项 C 中单分支语句可以写成一行，但是其条件 a＞0 后必须要有冒号“：”，选项 C 是错误的。选项 D 中 else 后也必须要有冒号“：”，选项 D 是错误的。选项 A 中的格式是符合要求的，所以选 A。

答案：A

4. 运行以下程序，输入 32，则输出结果是_____。

```
#1.  x = eval(input('x = '))
#2.  y = 0
#3.  if x >= 0:
#4.      if x!= 0:
#5.          y = 1
#6.  else:
#7.      y = -1
#8.  print(y)
```

A. 0　　　　　　　B. 1　　　　　　　C. -1　　　　　　　D. 不确定

分析：eval 函数会将由 input 函数输入的字符串当作一个表达式，所以输入的 32 会被当作 int 类型值 32 赋值给变量 x。#2～#7 的 if 结构相当于以下函数：

$$y = \begin{cases} -1 & (x<0) \\ 0 & (x=0) \\ 1 & (x>0) \end{cases}$$

#3 行中的条件 x>=0 成立，执行 #4 行代码，而 #4 行中的条件 x!=0 成立，执行 #5 行代码，y 值为 1。所以选 B。#6 的 else 对齐 #3 行，即当 x<0 时，会去执行 #7 行代码。

答案：B

5. 运行以下程序，输入 2,3，则输出结果是_____。

```
#1.  x,y = eval(input('x,y = '))
#2.  if x >= y:
#3.  x,y = y + 1,x + 1
#4.  else:
#5.  x,y = y - 1,x - 1
#6.  print(x,y)
```

A. 2 1　　　　　　B. 2,1　　　　　　C. 4 3　　　　　　D. 提示语法错

分析：Python 采用严格的缩进来表示程序中控制结构的多行间的层次关系。if 语句条件后的代码可以写在同一行上，例如 if a＞1:a＝b，此时冒号后可以有空格也可以没有空格。而若条件后的代码换行到下一行时必须缩进至少一个空格。而本题中 #3 和 #5 都没有缩进，所以 Python 会认为该程序不符合语法格式，提示语法错。故本题选 D。

答案：D

6. 以下 Python 表达式不能表示数学中的不等式 x≥y≥z 的是_____。

A. x>＝y and y>＝z   B. x>＝y>＝z

C.（x>y)＋(y>z)   D. not(x<y or y<z)

分析：不等式 x≥y≥z 的数学含义就是 x≥y 并且 y≥z,逻辑运算 and 表示并且的含义,选项 A 能表示。Python 中可以直接用 x>＝y>＝z 表示数学中的 x≥y≥z,选项 B 能表示。表达式(x>y)＋(y>z)中先计算 x>y 和 y>z,会产生 True 或 False 的计算结果,在算术运算＋计算时,True 会被转换为 1,False 会被转换为 0。而(x>y)＋(y>z)只要有一个括号中的结果为 True,整个表达式的值即为非 0,非 0 就会等价于逻辑关系 True,即与数学不等式 x≥y≥z 含义不符合,选项 C 不能表示。逻辑关系 not(表达式 1 or 表达式 2)只有在表达式 1 和表达式 2 都不成立时整个表达式结果才为 True,即 not(x<y or y<z)只有在 x>＝y and y>＝z 时条件成立,即等价于选项 A。故本题选 C。

答案：C

7. 运行以下程序,输出结果是_____。

```
#1. a,b,c = 2,－1,2
#2. if a>b:
#3.     if b==0:
#4.         c = 0
#5. else:
#6.     c = c＋1
#7.     print(c)
```

A. 0   B. 2   C. 3   D. 无结果

分析：Python 采用严格的缩进来表示程序中控制结构的多行间的层次关系。#2 行中 a>b 成立,故执行#3 行。而#3 中的条件 b==0 不成立,故#4 行不被执行,且因为没有与#3 行 if 对齐的 else,即条件不成立时什么都不执行。需要注意,#6 行和#7 行在#5 行的 else 后缩进,即两者是当#2 行条件不成立时,都要执行的语句。不要因为最后一行#7 有输出语句,而认为本题一定有输出结果的。本题正确答案是 D。

答案：D

8. 以下选项中,_____不是 Python 保留字。

A. in   B. is   C. elseif   D. and

分析：成员运算符 in,用于确认数据是否是序列结构中的某个成员。身份运算符 is,用于判断是否为同一个对象。逻辑运算符 and,用于判断两个条件是否同时成立。Python 的 if 结构中有 elif 子句,但是没有 elseif 子句。

答案：C

9. 关于 Python 的选择结构描述中,错误的是_____。

A. Python 选择结构使用保留字 if、else 和 elif 来实现,每个 if 后面必须有 elif 或 else

B. if…else 结构是可以嵌套的

C. if 语句会判断 if 后面的逻辑表达式,当表达式为真时,执行 if 后续的语句块

D. 缩进是 Python 分支语句的语法部分,缩进不正确会影响分支功能

分析：Python 的单分支结构使用 if 保留字对条件进行判断;二分支结构使用 if…else 保留字对条件进行判断;多分支结构使用 if…elif…else 保留字对多个相关条件进行判断,

并根据不同条件的结果按照顺序选择执行路径。其中,else和elif子句是可选的。

答案:A

二、填空题

1. 表达式 1<2 == 2 的值为_____。

分析:Python中比较运算符连续出现时,先分别独立进行比较,当两个比较结果都成立时,显示为True,否则显示为False。本题中,先分别比较 1<2 和 2==2,两个比较的结果都为True,则整个表达式结果为True。1<2 == 2 等价于 1<2 and 2==2。

答案:True

2. 表达式 type(3+4j) in (int, float, complex) 的值为_____。

分析:单个参数的type函数返回对象的类型,3+4j是复数类型的数据,返回complex。in运算在指定的序列中找值,找到就返回True,否则返回False。序列中有complex,所以返回True。

答案:True

3. 表达式 not 1>2 and 3>4 的值为_____。

分析:Python中逻辑运算符中运算优先级由高到低的是 not、and、or。故本题中先计算 not 1>2,结果为True,再计算 3>4,结果为False,最后计算 and,最终计算结果为False。

答案:False

4. 运行以下代码,输出结果是_____。

```
#1. a = 3
#2. b = 0
#3. if a <= 3:
#4.     a += 1
#5.     b = 10
#6. if a > 3:
#7.     a -= 1
#8.     b = 20
#9. print(a,b)
```

分析:#3～#5行的if语句和#6～#8行的if语句是各自独立而不是互斥的,它们一前一后都会被执行。变量a初值为3,执行#3行时,if语句条件成立,执行#4、#5行后,a变为4,b变为10。再执行#6行,if语句条件因a变为4而条件成立,故#7、#8行需要执行,a变为3,b变为20。故最后输出结果为3 20。

答案:3 20

3.3 测 试 题

一、选择题

1. 关于选择结构,以下选项中描述错误的是_____。

A. Python中选择结构只有if语句

B. Python中的if语句能支持单分支、双分支和多分支结构

C. elseif是Python中if语句的保留字

D. break 语句不能用于跳出 if 语句

2. 运行以下程序,输出结果是_____。

```
#1. g = 83
#2. if g >= 60:
#3.     print("及格")
#4. elif g >= 75:
#5.     print("良好")
#6. elif g >= 85:
#7.     print("优秀")
```

A. 及格 　　　　　B. 良好 　　　　　C. 优秀 　　　　　D. 无结果

3. 运行以下程序,输出结果是_____。

```
#1. a = 8
#2. b = 3
#3. z = 0
#4. if z >= 0:
#5.     if a < b:
#6.         print('1111')
#7. elif a % 2 == 0:
#8.     print('2222')
```

A. 1111 　　　　　B. 2222 　　　　　C. 无输出 　　　　　D. 程序出错

4. 以下选项中描述正确的是_____。

A. 条件表达式 3<=4<5 是合法的,且输出为 False

B. 条件表达式 3<=10<5 是合法的,且输出为 False

C. 条件表达式 3<=10<5 是不合法的

D. 条件表达式 3>=10>5 是合法的,且输出为 True

5. 运行以下程序,输出结果是_____。

```
#1. a = 3
#2. print(a == 3.0, a is 3.0)
```

A. True True 　　　B. True False 　　　C. False True 　　　D. False False

6. 运行以下程序,则输出结果是_____。

```
#1. x = 0
#2. if x = 3:
#3.     print(x)
```

A. 0 　　　　　　B. 3 　　　　　　C. 不确定的值 　　　D. 提示语法错

7. 有变量 d 记录了出生年份,s 记录了性别:'男'或'女',以下 if 语句能正确判断"出生年份 d 不在 1999—2007(含)的女生"的是_____。

A. if s='女' and not 1999<=d<=2007:n+=1

B. if s=='女' and 1999<=d or d<=2007:n+=1

C. if s='女' and 1999>d or d>2007:n+=1

D. if s=='女' and not 1999<=d<=2007:n+=1

8. Python 中,实现多分支操作的 if 语句是_____。

A. if　　　　　　B. if…else　　　　　C. if…elif…else　　　D. 不能实现

9. 已知变量 x 中的值是数值型的,与关系式 x==0 等价的表达式是_____。

A. x=0　　　　　B. not x　　　　　C. x　　　　　　　D. x!=1

10. 已知 x=1,y=2,则表达式 x!=y>5 _____。

A. 等价于(x!=y)>5　　　　　　　　B. 等价于 x!=y or y<5

C. 等价于 x!=y and y>5　　　　　　D. 等价于 x!=(y>5)

11. 若 a=58 和 b=True,则表达式 a−b>51/3 是_____。

A. 58　　　　　　B. 57　　　　　　C. True　　　　　D. False

12. 以下 Python 保留字中,可用于分支结构的是_____。

A. elseif　　　　　B. elif　　　　　　C. break　　　　　D. endif

13. 以下表达式计算结果为 False 的是_____。

A. 'abc'<'ab'　　　　　　　　　　　B. 'hello'<'hi'

C. ' '<'z'　　　　　　　　　　　　　D. 'A'+'B'+'C'=='ABC'

14. 表达式 False/True 的计算结果是_____。

A. True　　　　　B. 出错　　　　　C. 0　　　　　　　D. 1

15. 关于 Python 的选择结构描述中,描述错误的是_____。

A. 双分支结构有一种紧凑形式,使用保留字 if 和 elif 实现

B. if 语句中条件部分可以使用任何能够产生 True 和 False 的表达式和函数

C. if 语句中语句块执行与否依赖于条件判断

D. 多分支结构用于设置多个判断条件以及对应的多条执行路径

二、填空题

1. 表达式'ab' in 'acbed' 的值为　__【1】__　。表达式'ac' in 'acbed' 的值为　__【2】__　。

2. 已知 A=3.5,B=5.0,C=2.5,D=True,则表达式 A>0 and A+C>B+3 or not D 的值为_____。

3. 运行以下程序,输出结果是_____。

```
#1. x = 3
#2. y = 3
#3. print(x is y)
```

4. Python 中的选择结构语句是_____语句。

5. 表达式 x<y>z 的含义是_____。

三、编程题

1. 编写程序:输入一个整数,判断其奇偶性。

2. 编写程序:输入两个数值区间后,若能合并区间,则输出合并后的区间,否则显示 "Failed!"。例如,输入区间[3.4,56.7]和[−3,9.8],输出显示"[−3,56.7]"。

3. 市区"一日游"收费标准为:5 人以内(含 5 人)按散客标准,每人 160 元;超过 5 人,按团体标准,每人 140 元。编写程序输入人数,输出旅游总费用。

4. 大学校园里,有人骑自行车有人走路,但是并非骑车的人一定快于走路的人,因为找停车位置、停车、锁车、开锁等总要耗费一些时间。假设骑车的人找车、开锁到骑上车平均耗

费25秒,找停车位、停车、锁车平均耗费30秒。假设步行每秒行走1.2米,骑车每秒行走3.0米。编写程序,输入去办事点的距离,判断是骑车快还是走路快,骑车快则输出Bike,走路快则输出Walk,如果一样快则输出Both。

5. 编写程序:输入三角形的三边,当构成三角形时,计算面积,否则输出出错提示。

6. 编写程序:根据下列函数关系,对输入的每个x值,计算出相应的y值。

$$y=\begin{cases} 0 & (x<0) \\ x & (0<x\leqslant10) \\ 10 & (10<x\leqslant20) \\ -0.5x+20 & (20<x<40) \end{cases}$$

7. 编写程序,对于给定的一个百分制成绩,输出相应的五分制成绩。设90分及以上为A,80～89分为B,70～79分为C,60～69分为D,60分以下为E。

8. 行进中的汽车原来速度为v(单位:米/秒),现在开始减速,假设每秒减速d米(例如d=0.5),计算减速开始后的t秒内行驶了多少米。编写程序,输入v、d、t的值,输出行驶距离。注意,车速不能为负。

9. 身体质量指数BMI是国际上常用的衡量人体肥胖程度和是否健康的重要标准,主要用于统计分析(表3-5)。

体重指数BMI＝体重/身高的平方(国际单位 kg/m^2)

表 3-5　BMI 分类

BMI 分类	WHO 标准	亚洲标准	中国参考标准	相关疾病发病的危险性
偏瘦	<18.5	<18.5	<18.5	低(但其他疾病危险性增加)
正常	18.5～24.9	18.5～22.9	18.5～23.9	平均水平
超重	≥25	≥23	≥24	
偏胖	25.0～29.9	23～24.9	24～26.9	增加
肥胖	30.0～34.9	25～29.9	27～29.9	中度增加
重度肥胖	35.0～39.9	≥30	≥30	严重增加
极重度肥胖	≥40.0			非常严重增加

请编写程序,输入体重和身高,计算出BMI值,并根据中国参考标准,给出BMI分类和相关疾病发病危险性的提醒信息。

10. Word 2016 的主题颜色有十种标准颜色,其名称及RGB值如下:深红(192,0,0)、红色(255,0,0)、橙色(255,192,0)、黄色(255,255,0)、浅绿(146,208,80)、绿色(0,176,80)、浅蓝(0,176,240)、蓝色(0,112,192)、深蓝(0,32,96)、紫色(112,48,160)。编写程序,根据输入的RGB值,判断是否为十种标准色,如果是,则给出标准色名。

11. 已知2010年6月某银行人民币整存整取存款不同期限的年存款利率分别如表3-6所示。

表 3-6　不同期限存款利率

期　　限	存款利率	期　　限	存款利率
一年	2.25%	三年	3.33%
两年	2.79%	五年	3.6%

要求输入存钱的本金和期限,求到期时能从银行得到的本金和利息的合计。如果输入的期限不在上述期限表中,则存款利息为 0.35%。

3.4 实 验 案 例

一、关系运算符和逻辑运算符的使用

1. 实验目的

掌握关系运算符和逻辑运算符的基本使用规则。

2. 实验要求

在交互执行方式下输入语句,记录执行结果(注:如果显示大段出错提示,可以简记为"出错")。

3. 实验内容

♯1. >>> x = 3
♯2. >>> y = 5
♯3. >>> 2 < x < y < 10

_____

♯4. >>> 2 < x < y > 2

_____

♯5. >>> 2 < x < y > 10

_____

♯6. >>> x > 2 and y > 5

_____

♯7. >>> x > 2 or y > 5

_____

♯8. >>> x and y

_____

♯9. >>> not x and y

_____

♯10. >>> x or y

_____

二、成员运算符和身份运算符的初步使用

1. 实验目的

掌握成员运算符和身份运算符的基本使用规则。

2. 实验要求

在交互执行方式下输入语句,记录执行结果(注:如果显示大段出错提示,可以简记为"出错")。

3. 实验内容

♯1. >>> a = 10
♯2. >>> b = 5
♯3. >>> list = [1,2,3,4,5]
♯4. >>> a in list

_____

♯5. >>> a not in list

_____

```
#6.  >>> b in list
```

_____

```
#7.  >>> b not in list
```

_____

```
#8.  >>> x = 3
#9.  >>> id(x)
```

_____

```
#10.  >>> id(3)
```

_____

```
#11.  >>> x is 3
```

_____

```
#12.  >>> 3 is x
```

_____

```
#13.  >>> y = 3
#14.  >>> id(y)
```

_____

```
#15.  >>> x is y
```

_____

三、判断闰年

1. 实验要求

输入某一年份 x,判断该年份是否为闰年,是则输出"yes",否则输出"no"。输入代码,保存到程序文件 Ex3-3.py 中,运行程序并观察结果。

2. 算法分析

判断闰年的条件:①普通闰年,能被 4 整除且不能被 100 整除的是闰年;②世纪闰年(整百的年份),能被 400 整除的是闰年。判定整除的方法是看余数是否为 0。

程序处理的流程图如图 3-1 所示。

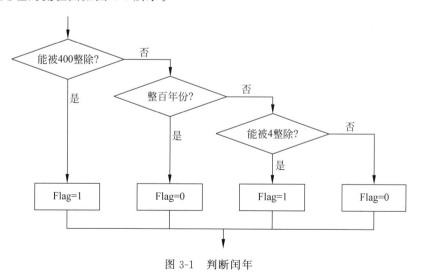

图 3-1　判断闰年

程序代码如下。

```
#1.  x = int(input())
#2.  if x % 400 == 0:
```

```
#3.      Flag = 1
#4. elif x % 100 == 0:
#5.      Flag = 0
#6. elif x % 4 == 0:
#7.      Flag = 1
#8. else:
#9.      Flag = 0
#10. if Flag == 1:
#11.    print("闰年")
#12. else:
#13.    print("平年")
```

四、判断数据的类型

1. 实验要求

对输入的数据进行判断,显示数据类型或提示输入有错。输入代码,保存到程序文件 Ex3-4.py 中,运行程序文件并观察结果,如图 3-2 所示。

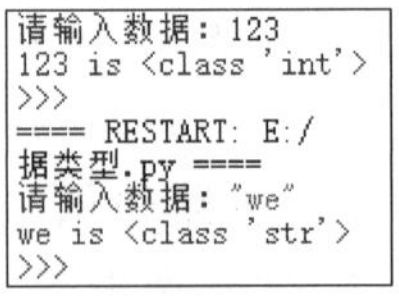

```
请输入数据: 123
123 is <class 'int'>
>>>
==== RESTART: E:/
据类型.py ====
请输入数据: "we"
we is <class 'str'>
>>>
```

图 3-2　运行结果示例

2. 算法分析

input 函数输入任何信息都被当作字符串,直接判断输入信息,无法得到正确结果。故使用 eval()函数将输入的信息转换为数据,并赋值给变量 x。但当遇到输入的内容不是合法数据时,赋值就会出错,故本程序利用 try 语句而不是 if 语句来编写。

3. 实现代码

```
#1. try:
#2.      x = eval(input('请输入数据: '))
#3. except:
#4.      print('输入的是不符合 Python 要求的数据')
#5. else:
#6.      print(x,'is',type(x))
```

4. 运行结果记录

输入数据	显示结果记录
123	123 is < class 'int'>
"we"	we is < class 'str'>
"123"	_____
'''123'''	_____
12.5	_____
1.25e−5	_____
"12.5"	_____
4−5j	_____
True	_____
None	_____
1,2,3	_____
('你','好','abx')	_____
[1,2,3]	_____
{'a','b','c'}	_____
{'a':1,'b':2,'c':3}	_____
djsdhj#562!	_____

```
2 + 3                    _____
print(2)                 _____
```

5. 思考题

(1) 观察和分析本程序的运行结果,总结 Python 各种数据类型的正确表示格式。

(2) 执行程序的快捷键是什么?

(3) 2+3 和 print(2) 不是数据,但是程序会有输出结果,为什么?

五、模拟自动售货机

1. 实验要求

模拟自动售货机的程序,运行程序时提示用户可以选择的商品。当用户输入后,提示所选择的内容。输入代码,保存到程序文件 Ex3-5.py 中,运行程序并观察结果,如图 3-3 所示。

```
* * * * * * * *
*  可选的按键:  *
*  1.巧克力     *
*  2.蛋糕       *
*  3.可口可乐   *
* * * * * * * *
3
你选了可口可乐!
>>>
```

图 3-3 运行结果

2. 实现代码

```
♯1.  print('** ** ** ** *')
♯2.  print('*   可选的按键:   *')
♯3.  print('*   1.巧克力       *')
♯4.  print('*   2.蛋糕         *')
♯5.  print('*   3.可口可乐     *')
♯6.  print('** ** ** ** *')
♯7.  a = int(input())
♯8.  if a == 1:
♯9.      print('你选了巧克力!')
♯10. elif a == 2:
♯11.     _____
♯12. elif a == 3:
♯13.     _____
♯14. else:
♯15.     print('无此选项!')
```

3. 思考题

(1) 将♯7 行中的 int 函数弃之不用,代码的执行结果如何?为什么?

(2) 若坚持♯7 行必须是 a＝input(),如何修改♯8~♯15 行的代码,使程序能正确运行?

六、求解一元二次方程的根

1. 实验要求

对于一元二次方程 $ax^2+bx+c=0$,输入其三个系数 a、b、c,输出方程的实根。输入代码,保存到程序文件 Ex3-6.py 中,运行程序并观察结果。

2. 算法分析

根据方程的三个系数 a,b,c,当 $a \neq 0$ 时,按一元二次方程根的公式 $\dfrac{-b \pm \sqrt{b^2-4ac}}{2a}$ 求解。先判断 $b^2-4ac \geq 0$ 是否成立,成立则有实根,不成立则没有实根。当 $a=0$ 时,方程退化为一元一次方程,根为 $-\dfrac{c}{b}$。

3. 实现代码

完善以下代码，实现本题的要求。

```
#1.  import _____
#2.  a = float( input( 'Please input a = '))
#3.  b = float( input( 'Please input b = '))
#4.  c = float( input( 'Please input c = '))
#5.  p = b * b - 4 * a * c
#6.  if _____:                #一元二次方程有实根解的条件
#7.     x1 = ( - b + math. sqrt(p))/(2 * a)
#8.     x2 = ( - b - math. sqrt(p))/(2 * a)
#9.     print(x1,x2)
#10. elif _____:              # 退化为一元一次方程的条件
#11.    x1 = x2 = - c/b
#12.    print(x1)
#13. else:
#14.    print('Wrong Number!')
```

七、找出三个整数中的最大数

1. 实验要求

输入三个整数 a，b，c，使用 if 语句找出最大数，并输出该最大数。编写并输入代码，保存到程序文件 Ex3-7. py 中，运行程序并观察结果。

2. 算法分析

在寻找最大数时，可以有不一样的算法。这里介绍两种算法，算法的流程图如图 3-4 所示，按流程图分别编写程序。

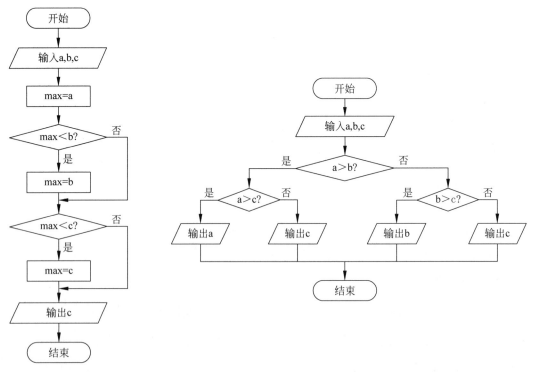

图 3-4　求三个数中的最大数

八、计算排队等待时间

旅游旺季时,各大旅游景点的门口都会排起长长的队伍。假设某景点门口,目前在你之前的人数为 n 人,景点的管理人员每间隔 x 分钟放入 c 人,你期望能够在 t 分钟内进入景点。编写程序,输入 n、x、c 和 t 的值,判断你是否能在预期时间 t 内进入景点。

程序运行时输入 n、x、c 和 t 的值,根据这些值判断,能在预期时间内进入的显示"能进!",否则显示"来不及了!"。

编写并输入代码,保存到程序文件 Ex3-8.py 中,运行程序并观察结果。

第4章 循环结构

4.1 知识要点

4.1.1 while 循环结构

1. 基本 while 语句

格式如下：

```
while 条件:
    语句块
```

while 语句的执行过程：计算条件的值,若条件的值为 True,则执行循环体语句块,然后返回条件处,重新计算条件值后决定是否重复执行循环体;若条件的值为 False,则循环结束,执行 while 之后的后续语句。

2. 扩展 while 语句

格式如下：

```
while 条件:
    语句块 1
else:
    语句块 2
```

增加 else 后的 while 语句,是当某次条件的值为 False 循环结束时,程序会继续执行 else 之后的语句块 2。但若在语句块 1 中执行了 break 语句而结束循环,则不会执行 else 后的语句块 2。

4.1.2 for 循环结构

Python 的 for 语句是遍历循环,用于遍历序列结构中的各元素值。

格式如下：

```
for 循环变量 in 遍历结构:
    语句块 1
[else:
    语句块 2]
```

for 循环的执行过程:从遍历结构中逐一提取元素,放入循环变量,循环次数就是元素的个数,每次循环中的循环变量就是当前提取的元素值。

可选的 else 部分,执行方式和 while 语句类似,若全部元素遍历后结束循环,则执行 else 后的语句块 2;若因执行了 break 语句而结束循环时,不会执行 else 后的语句块 2。

4.1.3 循环控制语句

1. break 语句

break 语句跳出包含 break 语句的那层循环,提前结束该层循环。跳出循环后,继续执行当前循环语句的后续语句。

2. continue 语句

continue 语句结束本次循环,不再执行本语句后循环体语句块中的其他语句,跳回循环结构首行,重新判断循环条件,根据重判结果决定是否继续循环。

3. break 和 continue 语句的对比

continue 语句结束本次循环,不终止整个循环的执行;break 语句使循环提前终止。

4.1.4 循环的嵌套

循环是允许嵌套使用的,也就是在循环体中可以再次出现循环语句。嵌套的循环语句可以是不同的循环结构语句。

4.2 例题分析与解答

一、选择题

1. 运行以下程序时,对 while 语句的循环次数描述正确的是_____。

```
#1.  i = 0
#2.  x = 0
#3.  while i <= 9 and x!= 374:
#4.      x = int(input())
#5.      i = i + 2
```

A. 最多执行 10 次   B. 最多执行 5 次

C. 一次也不执行   D. 无限次循环

分析:此题中 while 循环的执行次数取决于逻辑表达式"i <= 9 and x!= 374",只要 i <= 9 且 x!= 374,循环就执行。结束循环取决于两个条件:i > 9 或者 x = 374。只要在执行 input() 时,输入 374,循环就结束,此情况下,至少执行一次。如果始终不输入 374,则 i 的值一直增加,每次加 2,i 值的变化为 0→2→4→6→8→10,循环执行了 5 次后循环结束。所以选 B 选项。

答案：B

2. 以下程序中，#4行中的判断表达式i>j共执行了_____次。

```
#1. i,j,k,s = 0,10,2,0
#2. while 1:
#3.     i += k
#4.     if i > j:
#5.         print(s)
#6.         break
#7.     s += i
```

A. 4   B. 7   C. 5   D. 6

分析：本例的while循环条件为1，即条件永远成立，循环将无限次进行，而#6行中的break语句可以使while循环终止。break语句是否能被执行取决于i和j值，代码中仅有#3中代码会使i值有变化，只需考查执行#3行中i＋=k后i值的变化，在#4行的关系表达式i>j被计算时，i的值分别是i=2,4,6,8,10,12，当i的值为12时判断i>j为真，程序输出s的值并结束，共被判断了6次，循环次数也是6次。所以选D选项。

答案：D

3. 以下程序中，一共输出_____行。

```
#1. for x in 'PY':
#2.     print('循环执行中:' + x)
#3. else:
#4.     print('循环正常结束')
```

A. 2   B. 3   C. 1   D. 0

分析：for为遍历循环，循环的次数由后面的序列结构的元素个数决定。本例中序列结构为字符串，包含两个字符，即循环会执行两次，则输出两行。循环结构中的else子句规则：当循环的结束不是因为break语句而结束时，else后的内容会被执行。本例中，没有出现break语句，即else后的语句会被执行，即输出1行。共计输出3行，所以选B选项。

答案：B

4. 以下程序中的输出结果是_____。

```
#1. for i in range(5):
#2.     i += 2
#3.     print(i, end = '')
```

A. 2   B. 34567   C. 23456   D. 234567

分析：本题的for循环中，序列结构为range(5)，即循环遍历range(5)的所有值。而range(5)产生的序列值0、1、2、3、4，注意不包含5。本题中的另一个难点：循环变量i的值在循环体中发生了改变（#2行的i＋=2），则i是否会跳过序列结构中的某些值。Python的规则是遍历循环必定会遍历所有值，即某轮循环中循环变量的值改变后，下一轮循环时，循环变量的值还是变为序列结构中的下一个值。所以本题的输出结果为C选项。

答案：C

5. 以下程序的输出结果是_____。

```
#1. for i in range(10):
#2.     if i%3!=0:
#3.         continue
#4.     print(i,end='')
```

A. 369　　　　　　B. 0369　　　　　　C. 124578　　　　　　D. 无输出

分析：本题的 for 循环中,序列结构为 range(10)产生的序列值 0～9,包含 0 和 9。循环的第一轮中♯2 行的条件不满足,执行♯4 行,输出 0;第二轮中♯2 行的条件满足则执行 continue 语句。continue 语句的作用是结束本轮循环,转下一轮循环,即第二轮中♯4 行没有执行,故没有输出 1。其他轮的循环以此类推,本题的输出结果为 B 选项。

答案：B

二、填空题

1. 以下程序的输出结果是_____。

```
#1. i = 5
#2. while i:
#3.     i = i - 1
#4. print(i)
```

分析：while 语句是当条件为 True 时循环继续。本例中条件为 i,i 不是逻辑值,非逻辑值的非零值、非空的数据类型都等价于 True,即 i 不为 0 时,循环继续。♯3 行是循环体,每循环一次,i 值减 1,当 i 变为 0 时,循环条件等价于 False,循环结束。♯4 行并未缩进,故不属于循环体,会在循环结束后运行,最后输出 i 的值 0。

答案：0

2. 以下程序的输出结果是_____。

```
#1. sum = 0
#2. for i in range(1,10,2):
#3.     sum += i
#4. print(sum)
```

分析：range 函数的语法格式：range([start,]end[,step]),该函数可以有 1～3 个参数。当使用了三个参数时,range 产生从 start 值(含 start 值)开始的,步长为 step 的等差数值,等差数值最后一个值小于 end,即不包括 end。本例的 range 产生的值为 1、3、5、7、9 共 5 个值。for 循环是遍历循环,range 产生的序列有几个值就循环几次,且循环变量 i 每次为遍历值中的当前值。所以本例中♯3 行是依次将 1、3、5、7、9 的值累加到 sum 变量中。即 sum=1+3+5+7+9,sum 值最后为 25。故最后输出 25。

答案：25

3. 在以下程序的空缺处填上合适内容,使之实现如下功能：求一分数序列：2/1,3/2,5/3,8/5,13/8,21/13,…的前 20 项之和。

```
#1. ____【1】____
#2. b = 1
#3. s = 0
```

```
#4. for n in range(1,21):
#5.     s += a/b
#6.     a,b =    【2】
#7. print(s)
```

分析：循环开始前,需要将合适的初始值赋值给相关的变量。本例中 a 记录当前分数项的分子,b 记录当前分数项的分母值,s 用来存放分数的累加和。故 a 应为第一项分数的分子,即【1】处填 a＝2。for 循环中♯5 行将当前分数累加到 s 变量中,♯6 行需要将原来 a＋b 的值赋给变量 a,原来 a 的值赋给变量 b,利用同步赋值同时完成两个变量的赋值。即【2】处填 a＋b,a。

答案：【1】a＝2 【2】a＋b,a

4. 在以下程序的空缺处填上合适内容,使之能实现如下功能:利用海龟库绘制一个边长为 200 的正方形。

```
#1. __【1】__
#2. for i in range(4):
#3.     turtle.forward(200)
#4.         【2】
#5. turtle.done()
```

分析：要在程序中使用海龟库来绘图,首先必须引用海龟库,故应在【1】处填写引用标准库的语句 import turtle。♯2 行中的 for 循环中的 range(4)表明,该循环将执行 4 次,正好对应正方形的四条边,而♯3 行中的 forward 即表明海龟前行 200,即每条边长为 200。每条边的方向是不同的,可以通过海龟的转向函数让线条转向 90°后绘制,故【2】处可以填入 turtle.left(90)或 turtle.right(90)。

答案：【1】import turtle 【2】turtle.left(90)或 turtle.right(90)

5. 运行以下程序,并输入 I was born in 1990.,程序的输出结果是_____。

```
#1. st1 = input("Please input:")
#2. a = b = c = 0
#3. for ch in st1:
#4.     if '0'<= ch <= '9':
#5.         a = a + 1
#6.     elif 'a'<= ch <= 'z':
#7.         b = b + 1
#8.     elif ch == ' ':
#9.         c = c + 1
#10. else:
#11.    print(a,b,c)
```

分析：本例中的 for 循环是遍历字符串中的每个字符。所谓的字符串中的每个字符包括空格、数字字符和英文句号(.)。循环变量 ch 依次指向字符串中自左向右的每个字符,♯4 行判断是否是数字字符,是则 a 值加 1,即 a 记录了数字字符的个数。♯6 行判断是否为英文小写字符,注意,输入中的第一字符 I 是不满足♯6 的条件的,即 b 仅记录英文小写字符的个数。♯8 行判断是否为空格,即 c 记录了空格的个数。♯10 行根据 Python 的缩进格式要求,是属于 for 循环的 else 子句,for 循环的 else 子句是在循环正常结束(正常结束是指

不是因为 break 语句结束循环的)后执行的语句,本例中循环是正常结束的,所以最后输出
a、b、c 三个变量的值。本例中的♯10 行完全可以去掉,若去掉 else,则应取消♯11 行的缩进。

答案：4 9 4

6. 以下程序的输出结果是_____。

```
♯1. for i in range(1,6):
♯2.     if i % 3 == 0:
♯3.         break
♯4. else:
♯5.     print(i)
```

分析：遍历循环 for 是根据序列结构的内容循环,每次循环中循环控制变量依次指向序
列结构中的值,即 i 的值分别会是 1、2、3、4、5,但当 i 的值为 3 时,♯2 行的条件成立,即执行
♯3 行的 break 语句跳出循环。♯4 行中的 else 是 for 循环的子句,只有当正常结束循环而
非经由 break 结束循环时才会被执行。故♯5 行被跳过执行,本程序无输出。

答案：无输出

4.3　测　试　题

一、选择题

1. 执行以下程序后的输出结果是_____。

```
♯1. x = 10
♯2. while x > 0:
♯3.     if x == 8:
♯4.         break
♯5.     if x % 3 != 1:
♯6.         continue
♯7.     x -= 2
♯8. else:
♯9.     print('x = ',x)
```

A. x=8　　　　　B. x=0　　　　　C. 死循环　　　　　D. 无输出内容

2. 执行以下程序后,准备依次输入以下数据 4、−1、87.3、34.2、−13、2、99、9,最后的输
出结果是_____。

```
♯1. n = 100
♯2. min = 0
♯3. while n > 0:
♯4.     n = eval(input())
♯5.     if min > n:
♯6.         min = n
♯7. print(min)
```

A. 100　　　　　B. 0　　　　　C. −1　　　　　D. −13

3. 关于循环结构,以下选项中描述错误的是_____。

A. Python 通过 for、while 等保留字构建循环结构

B. 遍历循环中的序列结构可以是字符串、文件、组合数据类型和 range 函数等

C. continue 用来结束当前当次循环,但不能跳出当前的循环结构

D. 遇到 break 语句,所有层次的循环都会结束

4. 关于循环结构,以下选项中描述错误的是_____。

A. 当存在多层循环时,break 语句只能作用于语句所在层的循环

B. 遇到 continue 语句后,循环结构的 else 子句后的内容就不会被执行

C. while 循环语句的循环体,有可能一次也不执行

D. 遇到 break 语句后,循环结构的 else 子句后的内容就不会被执行

5. _____是 Python 的循环控制结构。

A. while   B. goto   C. loop   D. do…loop

6. 以下关于 Python 中的 while 循环结构的描述中,正确的是_____。

A. 使用 while 必须预知循环次数

B. 所有 while 循环功能都可以用 for 循环结构替代

C. Python 禁止使用 while True:,因为这会使程序构成死循环结构而无法结束程序运行

D. 循环次数确定的问题可以使用 while 解决

7. 语句_____会一直不停循环下去。

A. for a in range(10):
    pass

B. while 2 < 10:
    pass

C. while True:
    break

D. a=[3,-1,',']
    for i in a[:]:
        if not a:
            break

8. 语句_____会输出 1、2、3 三个数字。

A. for a in range(3):
    print(a)

B. i=1
    while i < 3:
        print(i)
        i+=1

C. aList=[1,2,3]
    for i in range(3):
        print(aList[i])

D. alist=[2,1,1,6,2,3,5,3,1,7]
    for x in alist[-3::-3]:
        print(x)

9. 执行以下程序后的输出结果是_____。

```
#1.  i = 1
#2.  while(i % 3):
#3.      print(i, end = ' ')
#4.      if (i >= 10):
#5.          break
#6.      i += 1
```

A. 1 2 4 5 7 8   B. 3 6 9

C. 1 2 3 4 5 6 7 8 9   D. 1 2

10. 以下保留字中，_____不用在循环语句中。

A. else   B. continue   C. except   D. for

11. Python 的遍历循环语句 for，不能遍历的数据类型是_____。

A. 浮点数   B. 字典   C. 列表   D. 字符

12. 以下属于 Python 循环结构的是_____。

A. if   B. loop   C. while   D. for…to

13. 关于遍历循环"for <循环变量> in <循环结构>"的描述中，错误的是_____。

A. 这个循环语句中不能有 break 语句，会影响循环次数

B. <循环结构>采用[1,2,3]和['1','2','3']的时候，循环的次数是一样的

C. 使用 range(a,b)函数指定 for 循环的循环变量取值是从 a 到 b-1

D. for i in range(1,10,3)表示循环 3 次，i 的值是 1、4、7

14. s1=['1','2','3']，以下关于循环结构描述错误的是_____。

A. 语句 for i in range(len(s1))的循环次数跟 for i in range(0,len(s1))的循环次数是一样的

B. 语句 for i in range(len(s1))的循环次数跟 for i in s1 的循环次数是一样的

C. 语句 for i in range(len(s1))的循环跟 for i in s1 的循环中，i 的值是一样的

D. 语句 for i in range(len(s1))的循环次数跟 for i in '123'的循环次数是一样的

15. 关于下面一段代码的相关描述，错误的是_____。

```
#1. a = 3
#2. while a > 0:
#3.    a -= 1
#4.    print(a, end = ' ')
```

A. a-=1 可由 a=a-1 替换

B. 这段代码的输出结果是 2 1 0

C. 如果将条件 a>0 修改为 a<0，则程序会进入死循环

D. 使用 while 保留字可以创建无限循环

16. 能够令 Python 程序中断运行的快捷键是_____。

A. F6   B. Esc   C. Ctrl+F6   D. Ctrl+C

17. 以下程序的运行结果是_____。

```
#1. for n in range(100,200):
#2.    i = n//100
#3.    j = n//10 % 10
#4.    k = n % 10
#5.    if n == i ** 3 + j ** 3 + k ** 3:
#6.        print(n)
```

A. 152   B. 153   C. 157   D. 159

二、填空题

1. Python 程序中结束 while 循环的两种方法是 ___【1】___ 和 ___【2】___。

2. ___【1】___ 语句用于结束所属层次的循环，而 ___【2】___ 语句提前结束本次循环。

3. Python 中,嵌套的控制结构严格按照代码块的_____来控制的。

4. 以下程序的运行结果是_____。

```
#1.  x = 5
#2.  n = 0
#3.  while x > 1 and n <= 3:
#4.      if x % 2 == 0:
#5.          x = x//3
#6.      else:
#7.          x = x * 2 + 1
#8.      print(x, end = ' ')
#9.      n += 1
#10. print(n)
```

5. 以下程序的运行结果是_____。

```
#1.  for i in range(10):
#2.      if i % 2 == 0:
#3.          continue
#4.      print(i, end = ' ')
```

6. 以下程序的运行结果是_____。

```
#1.  for s in 'Python':
#2.      if s == 'y':
#3.          continue
#4.      print(s, end = ' ')
```

7. 以下程序的运行结果是_____。

```
#1.  a, b = 2, 3
#2.  i = 1
#3.  while i < 5:
#4.      print(b, end = ' ')
#5.      a, b = b, a + b
#6.      i += 1
```

8. 以下程序的运行结果是_____。

```
#1.  for i in range(0, 10, 2):
#2.      print(i, end = ' ')
```

9. 以下程序的运行结果是_____。

```
#1.  x2 = 1
#2.  for day in range(4, 0, -1):
#3.      x1 = (x2 + 1) * 2
#4.      x2 = x1
#5.  print(x1)
```

10. 下面程序的功能是在输入的若干个正整数中求出最大值,输入 0 时结束循环。请在横线处填入合适内容。

```
#1.  max = 0
```

```
# 2.  a = int(input())
# 3.  while _____ :
# 4.      if a > max:
# 5.          max = a
# 6.      a = int(input())
# 7.  print('max = ',max)
```

11. 下面程序段的功能是从键盘输入偶数,并将之分解成两个素数之和。请在横线处填入合适内容。

```
# 1.  x = int(input())
# 2.  for i in range(2,x):
# 3.      for m in range(2,i//2):
# 4.          if i % m == 0:
# 5.              break
# 6.      else:
# 7.          j = _____【1】_____
# 8.          for n in range(2,j//2):
# 9.              if j % n == 0:
# 10.                 _____【2】_____
# 11.             else:
# 12.                 print('{} = {} + {}'.format(x,i,j))
# 13.                 break
```

三、编程题

1. 编写程序,输出所有大写英文字母及它们的 ASCII 码,代码值分别用八进制、十六进制、十进制形式输出。

2. 编写程序,实现输入 n 个整数,输出其中最大的数,并指出其是第几个数。

3. 回文整数是指正读和反读相同的整数,编写一个程序,不断生成不超过 6 位的随机整数,若生成的是回文整数,则结束程序并输出该回文整数。

4. 猴子吃桃问题。猴子第一天摘下若干桃子,当即吃了一半,又多吃了一个。第二天早上将剩下的桃子吃掉一半,又多吃了一个。以后每天早上都吃了前一天剩下的一半多一个。到第十天早上想再吃时,就只剩下一个桃子了。求第一天共摘了多少个桃子。

5. 编写程序,找出所有三位的升序数。所谓升序数,是指个位数大于十位数,且十位数又大于百位数的数。例如,279 就是一个三位升序数。

6. 用牛顿迭代法求下面方程在 1.5 附近的根。

$$2x^2 - 4x^2 + 3x - 6 = 0$$

说明:用牛顿迭代法求方程 $f(x) = 0$ 的根的近似值:$X_{k+1} = X_k - f(X_k)/f'(X_k)$,$k = 0$,$1, 2, \cdots$当 $|X_{k+1} - X_k|$ 的值小于 10^{-10} 时,X_{k+1} 为方程的近似根。

7. 冰雹猜想(又称角谷猜想)是指:一个自然数 x,如果是奇数就乘以 3 再加 1,如果是偶数就除以 2,这样经过若干次后,最终一定会回到 1。编写程序,若输入任意一个自然数,则验证该猜想是否成立;若输入非数字字符则结束程序。

8. 求 Fibonacci 数列的前 20 项。Fibonacci 数列的前两项都是 1,从第三项开始每一项都是前两项的和,如 1,1,2,3,5,8,…。

9. 求 1! + 2! + 3! + … + 20!。

10．有一分数数列

$$\frac{2}{1}, \frac{3}{2}, \frac{5}{3}, \frac{8}{5}, \frac{13}{8}, \cdots$$

求出这个数列的前 20 项之和。

11．编写程序，当 x＝0.5 时，按下面的公式计算 e^x 的近似值，使其误差小于 10^{-10}。

$$e^x = 1 + \frac{x}{1!} + \frac{x^2}{2!} + \frac{x^3}{3!} + \frac{x^4}{4!} + \cdots$$

12．求 100 以内的全部素数。并将找到的素数按每行 5 个的形式输出在屏幕上。

13．如果一个数的各因子（不包括本身）之和正好等于该数本身，则该数称为完数。如 6 的因子为 1、2、3，其和为 6，则 6 为完数。编写程序，找出 2～100 所有的完数。

14．输入 n 值，打印下列高为 n 的直角三角形。

```
    *
   ***
  *****
 *******
*********
```

15．鸡兔同笼问题。《孙子算经》记载了这样的问题："今有雉兔同笼，上有三十五头，下有九十四足，问雉兔各几何？"这四句话的意思是：鸡兔同在一个笼子里，从上面数，有 35 个头，从下面数，有 94 只脚。问笼中各有多少只鸡和兔？请用穷举法，编写程序算出鸡和兔的数量。

4.4 实　验　案　例

一、累加和

1. 实验要求

求 1＋2＋3＋…＋99＋100 的累加和，并输出结果。编写并输入代码，保存到程序文件 Ex4-1.py 中，运行程序并观察结果。

2. 算法分析

定义变量 sum 用于记录 1～100 的累加和，sum 初值为 0。变量 n 初值为 1，用 sum＝sum＋n 实现累加，每次加完后，使 n＝n＋1，重复 sum＝sum＋n 和 n＝n＋1，直到 n＝100 为止。

二、两个数的最大公约数和最小公倍数

1. 实验要求

输入两个正整数 m 和 n，求它们的最大公约数和最小公倍数。编写并输入代码，保存到程序文件 Ex4-2.py 中，运行程序并观察结果。

2. 算法分析

整数 m、n 的最大公约数是指既能被 m 整除又能被 n 整除的最大整数 k，k 的范围为 1～m 与 n 两数的较小数。

整数 m、n 的最小公倍数是指既能整除 m 又能整除 n 的最小整数 h，h 的范围为 m 与 n

两数的较大数。事实上,最小公倍数＝m＊n/最大公约数。

最大公约数的一种求法是"欧几里得法",也叫"辗转相除法"。用 r 表示余数,r＝m％n,如果 r 不为 0,则令 m＝n 和 n＝r,然后重新求余数 r,并判断 r 的值,重复以上操作,直到 r＝0 时停止,此时 n 为最大公约数。

请用"辗转相除法"求 m 和 n 的最大公约数和最小公倍数。

三、最少数量的礼物

1. 实验要求

现有若干种类的礼物,将其各自的价值依次输入程序,再输入总金额,求选取礼物件数最少的礼物组合方案。假设,礼物价值和总金额皆为整数。例如,现有 4 种价值的礼物,其价值分别为 100、30、5、2,总金额为 89,则礼物件数最少的方案:价值 30 的礼物 2 件、价值 5 的礼物 5 件、价值 2 的礼物 2 件,共 9 件礼物,剩余金额为 0。

编写并输入代码,保存到程序文件 Ex4-3.py 中,运行程序并观察结果。

2. 算法分析

(1) 按金额从大到小输入礼物的价格,存入列表或元组。假设输入的礼物价值依次为 a_1、a_2、……、a_n。len()函数可以求取列表或元组的元素个数,即可知礼物的种类数。

(2) 为了选取件数最少,礼物的选取顺序应为:首先根据总金额尽量多地拿价值最大的 a_1 的礼物,再拿价值 a_2 的礼物,……,直到价值 a_n 的礼物。选取礼物时,若当前的总金额已经不足以购买当前价值的礼物,则继续尝试选取更小价值的礼物;若总金额已经小于 a_n 或为 0 了,则礼物选取结束。

3. 思考题

若礼物价值和总金额皆为实数,以上功能应该如何实现?

四、求级数的值

1. 实验要求

输入 x 的值,求下列级数的值:

$$y = x + \frac{x^2}{2!} + \frac{x^3}{3!} + \cdots + \frac{x^n}{n!} + \cdots \quad (n = 1, 2, 3, \cdots)$$

当第 n 项小于等于 10^{-10} 时,停止累加,输出累加和即为 y 的近似解。运行程序时,输入 x＝3,输出结果:19.085536923155583。

编写并输入代码,保存到程序文件 Ex4-4.py 中,运行程序并观察结果。

2. 算法分析

对于一个确定的 x 值,随着 n 的增大,通项的值逐渐减小,当通项的值小于等于 10^{-10} 时,可以忽略该通项及之后的通项,即循环到此结束,输出近似的 y 值。第 n 项的值具有以下特征:

$$通项 n 的值 = \frac{x^n}{n!} = \frac{x \ast x^{n-1}}{n \ast (n-1)!} = \frac{x}{n} \ast \frac{x^{n-1}}{(n-1)!}$$

五、求三位水仙花数

1. 实验要求

找出所有的三位水仙花数。所谓水仙花数,是指各位数字的立方和等于该数本身的数。编写并输入代码,保存到程序文件 Ex4-5.py 中,运行程序并观察结果。

2. 算法分析

用"穷举法"分别搜索100～999满足条件的值。

六、找出小偷

1. 实验要求

有这样的逻辑推理问题：已知四个人中有一个人说了假话，假设你是警察，请编写一个Python程序判断谁是小偷。他们说话的内容如下。

A：我不是小偷。B：C是小偷。C：D是小偷。D：我不是小偷。

编写并输入代码，保存代码到程序文件Ex4-6.py中，运行程序并观察结果。

2. 算法分析

（1）用穷举法尝试所有的可能。令变量i的值分别等于1、2、3、4，1表示A，2表示B，3表示C，4表示D。而每个人的说话内容可以转换为逻辑表达式。

A：我不是小偷。　　　　　i!＝1

B：C是小偷。　　　　　　i==3

C：D是小偷。　　　　　　i==4

D：我不是小偷。　　　　　i!＝4

因为有一个人说假话，即上述四个条件相加的值为3。用循环控制i的值从1变化到4，依次测试上述的四个条件。

（2）逻辑值True和False是可以进行算术相加的。算术相加时，True等价于1，False等价于0。

（3）在设定判断条件时，应注意算术运算的优先级高于比较运算，改变计算的优先顺序的方法是加括号()。

七、判断素数

1. 实验要求

输入一个正整数，判断它是否为素数。所谓素数就是只能被1和自身整除的数。编写并输入代码，保存到程序文件Ex4-7.py中，运行程序并观察结果。

2. 算法分析

判断n是否为素数，可以按素数定义来进行判断，用n依次除以2～n－1的所有数，只要发现有一个数能够被n整除，马上可以结束循环后确定n不是素数。如果没有一个能够被n整除的数，则n为素数。

八、求勾股数

1. 实验要求

求出100以内的勾股数。所谓勾股数，是指满足条件 $a^2＋b^2＝c^2$ 的自然数。编写并输入代码，保存到程序文件Ex4-8.py中，运行程序并观察结果。

2. 算法分析

用"穷举法"分别搜索a,b,c在1～100满足条件的值，需采用循环嵌套形式。

九、将纯小数转换为分数

1. 实验要求

输入一个小数位数少于6位的纯小数，输出它的最简分数。例如，输入0.56，结果为

$\dfrac{14}{25}$。输出时,显示 14/25 即可。编写并输入代码,保存到程序文件 Ex4-9. py 中,运行程序并观察结果。

2. 算法分析

(1) 将输入的小数扩大 10^n 倍后可以得到整数 b,令 $a=10^n$,则求出 a 和 b 的最大公约数,a、b 约分后就可以得到最简分数。求最大公约数可以用前例中的方法。

(2) 求 a、b、n 的方法:用循环将纯小数乘 10,直到纯小数变为整数为止,循环的次数就是 n,而 $a=10^n$。

(3) 计算机内存储的实数多数都有误差,故两个实数值若相差一个极小的值 ε,即可认为此两数相等,即 $|a-b|<\varepsilon$。本题中,判断 b 是否为整数,应该使用表达式 abs(b-int(b))<0.00000001 判断,而不能使用 a==b 判断,用 a==b 判断可能会进入死循环。

第5章　列表和元组

5.1　知识要点

5.1.1　序列

Python 中常用的序列结构有列表、元组、字典、集合、字符串等。从是否有序这个角度看，Python 序列可以分为有序序列和无序序列，其中，列表、元组和字符串属于有序序列，而字典和集合属于无序序列；从是否可变来看，Python 序列则可以分为可变序列和不可变序列两大类。其中，列表、字典和集合属于可变序列，而元组和字符串属于不可变序列。列表、元组、字符串有序序列支持双向索引，第一个元素下标为 0，第二个元素下标为 1，以此类推；如果使用负数作为索引，则最后一个元素下标为 -1，倒数第二个元素下标为 -2，以此类推。

5.1.2　列表

1. 列表的创建和删除

1）列表的创建

列表的创建可以使用 list 类的构造函数创建一个空列表，也可以使用"="直接创建一个列表并赋值给其他变量，其格式如下。

```
格式1：列表名 = list()
格式2：列表名 = [元素1, 元素2, …, 元素n]
```

2）列表的删除

当列表不用时可以使用 del 命令将其删除，其格式如下。

```
del 列表名
```

2. 列表元素的访问

在列表创建之后，就可以进行使用了。列表元素的使用可以使用下标法，其格式如下。

列表名[下标]

使用整数作为下标来访问列表的元素,下标从 0 开始,第一个元素是 a_list[0],第 2 个元素是 a_list[1],以此类推;列表还支持使用负整数作为下标,其中,下标为−1 的元素表示最后一个元素,下标为−2 的元素表示倒数第 2 个元素,以此类推。

3. 列表的基本操作

列表、元组、字典、集合、字符串等序列有很多操作是通用的,而不同类型的序列又有一些特有的方法或者支持某些特有的运算符和内置函数。列表常用的操作如表 5-1 所示。

表 5-1 列表常用的操作

方 法	说 明
append(x)	将 x 追加至列表尾部
extend(L)	将列表 L 中的所有元素追加至列表尾部
insert(index,x)	在列表 index 位置处插入 x
remove(x)	在列表中删除第一个值为 x 的元素
pop([index])	删除并返回列表中下标为 index 的元素,省略 index 时,删除最后一个元素
clear()	清空列表,删除列表中的所有元素,保留列表对象
index(x)	返回列表中第一个值为 x 的元素的索引
count(x)	返回 x 在列表中的出现次数
reversed( )	对列表所有元素进行原地逆序,首尾交换
sort(key＝None. reverse＝False)	对列表中的元素进行原地排序,key 用来指定排序规则,reverse 为 False 表示升序,为 True 表示降序
copy()	返回列表的浅复制

4. 列表对象支持的运算符

1)加法运算

加法运算符＋和复合加法赋值＋＝用于将两个列表合并。需要注意的是,"＋"运算不属于原地操作,而是返回一个新列表,效率比较低。"＋＝"运算属于原地操作,与 append()方法一样高效。

2)乘法运算

乘法运算符＊用于列表和整数相乘,表示序列重复,不属于原地操作,返回新列表。复合乘法赋值＊＝也可用于列表元素的重复,与运算符＋＝一样也属于原地操作。

3)成员测试运算符 in

成员测试运算符 in 可用于测试列表中是否包含某个元素,结果是 bool 型。

5. 列表推导式

列表推导式的语法形式为:

```
[expression for expr1 in sequence1 if condition1
            for expr2 in sequence2 if condition2
            for expr3 in sequence3 if condition3
                            ⋮
            for exprN in sequenceN if condtionN]
```

列表推导式在逻辑上等价于一个循环语句,只是形式上更加简洁。

6. 列表的切片操作

切片操作除了适用于列表之外,还适用于元组、字符串。切片使用两个冒号分隔的 3 个数字来完成,其格式如下。

```
[start: end: step]
```

其中,第一个数字 start 表示切片开始的位置,默认为 0;第二个数字 end 表示切片截止(但不包含)的位置,默认为列表长度;第三个数字 step 表示切片的步长(默认为 1)。当 start 为 0 时可以省略,当 end 为列表长度时可以省略,当 step 为 1 时可以省略,省略步长时还可以同时省略最后一个冒号。另外,当 step 为负整数时,表示反向切片,这时 start 应该在 end 的右侧才行。

7. Python 内置函数对列表的操作

通过内置函数可以对列表进行操作。例如,len( )、max( )、min( )可以获取列表的长度、列表中元素的最大值和最小值;sum( )可以获取列表或元组中元素之和;zip( )函数用于将多个列表中元素重新组合为元组并返回包含这些元组的 zip 对象;map( )函数把函数映射到列表上的每个元素等。

5.1.3 元组

1. 元组的创建、删除与元素访问

1)元组的创建

在形式上,元组的所有元素放在一对圆括号中,元素之间使用逗号分隔,如果元组中只有一个元素则必须在最后增加一个逗号。元组的创建格式如下。

```
格式 1:元组名 = tuple()
格式 2:元组名 = (元素 1,元素 2,…,元素 n)
```

2)元组的删除

与列表的删除一样,当不再使用元组时,可以使用 del 命令将其删除,其格式如下。

```
del 元组名
```

3)元组元素的访问

在元组创建之后,就可以进行使用了。元组元素的使用也是下标法,其格式如下。

```
元组名[下标]
```

元组也支持双向索引。元组属于不可变序列,不可以修改、添加、删除元素。

2. 元组与列表的异同点

1)相同点

元组和列表都属于有序序列,都支持使用双向索引访问其中的元素。

2)不同点

列表属于可变序列,而元组属于不可变序列。因此,元组没有 append( )、extend( )、

insert( )等方法,也没有 pop( )、remove( )方法,同时,元组也不支持对元素进行 del 操作,不能从元组中删除元素,而只能使用 del 删除整个元组。

元组也支持切片操作,但只能通过切片来访问元组中的元素,不能使用切片改变元组中的元素值。从一定程度上来说,元组是轻量级的列表。

Python 的内部实现对元组做了大量优化,访问速度比列表快。

5.2 例题分析与解答

一、选择题

1. 下列哪种不是 Python 元组的定义方式? _____

A. (1)　　　　　B. (1,)　　　　　C. (1,2)　　　　　D. (1,2,(3,4))

分析:Python 中规定,如果元组中只有一个元素,则必须在最后增加一个逗号,所以 A 选项的定义方式是错的。

答案:A

2. 下列代码执行结果是 _____。

```
[i ** i for i in range(3)]
```

A. [1, 1, 4]　　　B. [0, 1, 4]　　　C. [1, 2, 3]　　　D. (1, 1, 4)

分析:** 是 Python 的幂运算符,i ** i 表示 i 的平方,[i ** i for i in range(3)]是列表推导式,i 的取值范围是 0~2,即对 0,1,2 分别求平方,需要注意的是 $0^2 = 1$,所以答案应该是 A 选项。

答案:A

3. Python 语句 print(type([1,2,3,4]))的输出结果是_____。

A. < class 'tuple'>　　　　　　　B. < class 'dict'>

C. < class 'set >　　　　　　　　D. < class 'list'>

分析:内置函数 type( )用来查看变量的类型,很明显[1,2,3,4]是列表 list,所以选 D 选项。

答案:D

4. Python 语句 print(type((1,2,3,4)))的输出结果是_____。

A. < class 'tuple'>　　　　　　　B. < class 'dict'>

C. < class 'set >　　　　　　　　D. < class 'list'>

分析:内置函数 type( )用来查看变量的类型,很明显(1,2,3,4)是元组 tuple,所以选 A 选项。

答案:A

5. Python 语句 print(type({}))的输出结果是_____。

A. < class 'tuple'>　　　　　　　B. < class 'dict'>

C. < class 'set >　　　　　　　　D. < class 'list'>

分析:内置函数 type( )用来查看变量的类型,花括号"{}"既可以是字典的定界符,也可以是集合的定界符,如果花括号内没有任何元素,则认为是一个空字典,所以选 B 选项。

答案:B

6. Python 语句 x＝[1,2,3,None,(),[],]；print(len(x))的输出结果是＿＿＿＿＿＿。

A. 4　　　　　　B. 5　　　　　　C. 6　　　　　　D. 7

分析：列表元素之间用逗号分隔，同时，一个列表也可以作为另一个列表的元素。需要注意的是，最后一个逗号后面并没有元素了(可省略)，所以列表 x 中共有 6 个元素，因此选 C 选项。

答案：C

7. Python 语句 sl＝[4,5,6]；s2＝s1；s1[1]＝0；print(s2)的运行结果是＿＿＿＿＿＿。

A. [4,5,6]　　　B. [0,5,6]　　　C. [4,0,6]　　　D. 以上都不对

分析：在 Python 中的变量并不直接存储值，而是存储了值的内存地址或者引用，把一个列表变量赋值给另一个变量，这样两个变量指向同一个列表对象，对其中一个做任何修改都会立刻在另一个变量得到体现。该例中，s2＝s1就是 s2 和 s1 引用同一块内存，s1[1]＝0实际上 s2[1]也变为 0 了，所以选 C 选项。

答案：C

8. 已知列表 x＝list(range(5))，那么执行语句 x.remove(3) 之后，表达式 x.index(4)的值为＿＿＿＿＿＿。

A. 5　　　　　　B. 4　　　　　　C. 3　　　　　　D. 2

分析：x＝list(range(5))，x＝[0,1,2,3,4]，执行语句 x.remove(3)，则 x＝[0,1,2,4]，x.index(4)则是查找元素 4 在列表中的下标，很明显下标值为 3(下标从 0 开始编号)，所以选 C 选项。

答案：C

9. 已知列表 x＝[1, 3, 2]，执行语句 y＝list(reversed(x)) 后，x 的值为＿＿＿＿＿＿。

A. [3,2,1]　　　B. [1,3,2]　　　C. [1,2,3]　　　D. [2,3,1]

分析：内置函数 reversed()返回一个逆序后的对象(不改变原来列表 x 的值)，所以 y 的值为[2,3,1]，而 x 并没有变化，因此选 B 选项。

答案：B

二、填空题

1. 列表对象的＿＿＿＿＿＿方法删除首次出现的指定元素，如果列表中不存在要删除的元素，则抛出异常。

分析：remove(x)在列表中删除第一个值为 x 的元素，该元素之后的所有元素前移并且索引减 1，如果列表中不存在 x 则抛出异常。

答案：remove( )

2. 已知列表对象 x＝['11', '2', '3']，则表达式 max(x, key＝len) 的值为＿＿＿＿＿＿。

分析：内置函数 max(x)用来求对象 x 的最大值，这里 x 是列表，求的是列表元素的最大值，同时 key＝len 表示指定了比较大小的规则是元素的长度(注意，列表 x 的元素是字符串，字符串长度就是字符的个数)，长度最大的元素为'11'。

答案：'11'

3. 已知列表 x＝list(range(10))，那么执行语句 del x[::2]之后，x 的值为＿＿＿＿＿＿。

分析：x＝list(range(10))，则 x＝[0,1,2,3,4,5,6,7,8,9]，x[::2]是切片操作，等价于 x[0:10:2]，即从列表第一个元素开始，以步长为 2(隔一个取一个)，获得下标为偶数的元

素,因此,del 删除的是列表 x 中偶数位置的元素,删除后 x=[1,3,5,7,9]。

答案:[1,3,5,7,9]

4. 假设列表对象 aList 的值为[3, 4, 5, 6, 7, 9, 11, 13, 15, 17],那么切片 aList[3:7]得到的值是_____。

分析:aList[3:7],该切片操作没有第三个参数步长,取默认值 1,将 aList 中从下标 3 开始到下标 7(不包括)的元素依次获取组成新的列表[6,7,9,11]。

答案:[6,7,9,11]

5. 已知列表 x=[1.0, 2.0, 3.0],那么表达式 sum(x)/len(x) 的值为_____。

分析:sum()和 len()都是内置函数,sum(x)求出列表 x 所有元素之和,为 6.0,len(x)求出列表 x 的元素个数,为 3,sum(x)/len(x)=6.0/3=2.0。

答案:2.0

6. 已知列表 x=[1, 3, 2],那么执行语句 x.reverse() 之后,x 的值为_____。

分析:列表对象的 reverse()方法对列表所有元素进行原地(即用处理后的数据替换原来的数据)逆序,首尾交换,因此 x 变为[2,3,1]。

答案:[2, 3, 1]

7. 已知列表 x=[1, 2],那么执行语句 x.extend([3,4]) 之后, x 的值为_____。

分析:列表对象的 extend()方法将其参数(也是列表)的所有元素追加至原列表的尾部,因此,x 变为[1,2,3,4]。

答案:[1,2,3,4]

8. 已知列表 x=[1, 2, 3],那么执行语句 x.insert(1, 4) 之后,x 的值为_____。

分析:x.insert(1,4)表示在列表 x 的下标为 1 的位置插入新的元素 4,原下标位置 1 后面的元素依次后移,因此 x 变为[1,4,2,3]。

答案:[1,4,2,3]

9. 使用列表推导式生成包含 10 个数字 5 的列表,语句可以写为_____。

分析:只需要循环生成 10 次 5 即可用生成包含 10 个数字 5 的列表,可以写成[5 for i in range(10)]。

答案:[5 for i in range(10)]

10. aList=[-2, 1, 3, -6],如何实现以绝对值大小从小到大将 aList 中内容排序_____。

分析:列表的排序可以调用其 sort()方法,sort()方法排序时可以指定排序的关键字为求绝对值 abs,此语句可写成 aList.sort(key=abs)。

答案:aList.sort(key=abs)

5.3 测 试 题

一、选择题

1. 已知 x=[1, 2]和 y=[3, 4],那么 x+y 的结果是_____。

A. 3   B. 7   C. [1, 2, 3, 4]   D. [4, 6]

2. 已知 x＝[1，2，3]，那么 x＊3 的值为_____。

A. 6　　　　　　　　　　　　　　　B. [1，6，9]

C. [3，6，9]　　　　　　　　　　　D. [1，2，3，1，2，3，1，2，3]

3. 已知 x＝[1，2，3]，执行语句 x.append(4)之后，x 的值是_____。

A. [1，2，3，4]　　B. [4]　　　　　C. [1，2，3]　　　D. 4

4. 已知 x＝[1，2，3，4，5，6，7]，那么 x.pop()的结果是_____。

A. 1　　　　　　　B. 4　　　　　　C. 7　　　　　　D. 5

5. sum([i＊i for i in range(3)])的计算结果是_____。

A. 3　　　　　　　B. 5　　　　　　C. 2　　　　　　D. 14

6. 下面代码输出结果为_____。

```
#1. x = [3]
#2. L = [3,2,1]
#3. for i in range(x[0]):
#4.     L.append(i * i)
#5. print(L)
```

A. [3，2，1，0，1，4]　　　　　　　B. [3,2,1,1,4,9]

C. [0,1,4]　　　　　　　　　　　　D. [1,4,9]

7. 已知列表 x＝[1，2]，那么连续执行命令 y＝x 和 y.append(3)之后，x 的值为_____。

A. [1,2]　　　　　B. [1,2,3]　　　C. [3,1,2]　　　D. 不确定

8. 已知列表 x＝[1，3，2]，那么执行语句 a,b,c＝sorted(x) 之后，b 的值为_____。

A. 1　　　　　　　B. 2　　　　　　C. 3　　　　　　D. 不确定

9. 已知列表 x＝[1，2]，那么执行语句 x.append([3]) 之后，x 的值为_____。

A. [1,2,3]　　　　B. [1,2]　　　　C. [3,1,2]　　　D. [1,2,[3]]

10. 已知列表 x＝[1，3，2]，那么执行语句 x＝x.reverse() 之后，x 的值为_____。

A. None　　　　　B. [2,3,1]　　　C. [1,3,2]　　　D. [1,2,3]

11. 列表变量 ls 共包含 10 个元素，ls 索引的取值范围是_____。

A. −1～−9(含)的整数　　　　　　B. 0～10(含)的整数

C. 1～10(含)的整数　　　　　　　D. 0～9(含)的整数

12. 以下不是 Python 复合数据类型的是_____。

A. 字符串类型　　B. 数组类型　　　C. 列表类型　　　D. 元组类型

13. 对于列表 s，能够返回列表 s 中第 i～j 且以 k 为步长的子列表的表达式是_____。

A. s[i;j;k]　　　　B. s[i,j,k]　　　C. s[i;j;k]　　　D. s(i,j,k)

14. 对于序列 s，以下选项对 min(s)描述正确的是_____。

A. 一定能够返回序列 s 中的最小元素

B. 可以返回序列 s 中的最小元素，但要求 s 中元素可比较

C. 可以返回序列 s 中的最小元素，如果存在多个相同的最小元素，则返回一个元组类型

D. 可以返回序列 s 中的最小元素，如果存在多个相同的最小元素，则返回一个列表
类型

15. 以下程序输出的结果是_____。

```
#1. ls = [1,2,3]
#2. lt = [4,5,6]
#3. print(ls + lt)
```

A. [5,7,9]   B. [1,2,3,[4,5,6]]

C. [1,2,3,4,5,6]   D. [4,5,6]

16. 以下程序输出的结果是_____。

```
#1. a = [3,2,1]
#2. for i in a[::-1]:
#3.     print(i, end = ' ')
```

A. 1,2,3   B. 3 2 1   C. 1 2 3   D. 3,2,1

17. 以下程序的输出结果是_____。

```
#1. a = [3,2,1]
#2. b = a[:]
#3. print(b)
```

A. [3,2,1]   B. [ ]   C. [1,2,3]   D. 0xA1F8

18. 以下关于 Python 列表的描述中,错误的是_____。

A. 列表的长度和内容都可以改变,但元素类型必须相同

B. 可以对列表进行成员关系操作、长度计算和切片

C. 列表可以同时使用正向递增序号和反向递减序号进行索引

D. 可以使用比较操作符(如>或<等)对列表进行比较

19. 以下用来处理 Python 列表的方法中,错误的是_____。

A. interleave   B. append   C. insert   D. remove

20. 以下代码的输出结果是_____。

```
#1. ls = [ 'book ', 23, [2010, 'stud1'], 20]
#2. print(ls[2][1][-1])
```

A. s   B. stud1   C. 1   D. 结果错误

21. 以下代码的输出结果是_____。

```
#1. a = [[1,2,3], [4,5,6], [7,8,9]]
#2. s = 0
#3. for c in a:
#4.     for j in range(3):
#5.         s += c[j]
#6. print(s)
```

A. 6   B. 0   C. 24   D. 45

22. 以下代码的输出结果是_____。

```
#1. vlist = list(range(5))
#2. print(vlist)
```

A. 0；1；2；3；4； B. 0 1 2 3 4

C. 0，1，2，3，4 D. ［0，1，2，3，4］

23. 以下关于列表变量 ls 操作描述中，错误的是_____。

A. ls. reverse()：反转列表 ls 中的所有元素

B. ls. clear()：删除 ls 的最后一个元素

C. ls. copy()：生成一个新列表，复制 ls 的所有元素

D. ls. append(x)：在 ls 最后增加一个元素

24. 列表 listV＝list(range(10))，以下能够输出列表 listV 中最大元素的是_____。

A. print(listV. reverse(i)[0]) B. print(listV. max())

C. print(max(listV())) D. print(max(listV))

25. 以下代码的输出结果是_____。

```
#1. ls = []
#2. for m in 'AB':
#3.     for n in 'CD ':
#4.         ls.append(m + n)
#5. print(ls)
```

A. ABCD B. AABBCCDD

C. ACADBCBD D. ［'AC ', 'AD ', 'BC', 'BD'］

26. 以下描述中，错误的是_____。

A. Python 语言通过索引来访问列表中元素，索引可以是负整数

B. 列表用方括号来定义，继承了序列类型的属性和方法

C. Python 列表是各种类型数据的集合，列表中的元素不能够被修改

D. Python 语言的列表类型能够包含其他的组合数据类型

27. 以下代码的输出结果是_____。

```
#1. s = [4, 2, 9, 1]
#2. s.insert(2, 3)
#3. print(s)
```

A. ［4，2，9，2，1］ B. ［4，3，2，9，1］

C. ［4，2，3，9，1］ D. ［4，2，9，1，3］

28. 以下代码的输出结果是_____。

```
#1. ls = [[1, 2,3], [[4, 5], 6], [7, 8]]
#2. print(len(ls))
```

A. 3 B. 1 C. 4 D. 8

29. 以下代码的输出结果是_____。

```
#1. ls = ["2020", "20.20", "Python"]
#2. ls.append(2020)
#3. ls.append([2020, "2020"])
#4. print(ls)
```

A. ［'2020', '20.20', 'Python'，2020］

B. ['2020', '20.20', 'Python', 2020, [2020, '2020']]

C. ['2020', '20.20', 'Python', 2020, 2020, '2020']

D. ['2020', '20.20', 'Python', 2020, ['2020']]

30. 以下代码的输出结果是_____。

```
#1. l1 = ["aa", [2, 3, 3.0]]
#2. print(l1.index(2))
```

A. 2   B. 3.0   C. 3   D. ValueError

31. 以下程序的输出结果是_____。

```
#1. ls1 = [1, 2, 3, 4, 5]
#2. ls2 = ls1
#3. ls2.reverse()
#4. print(ls1)
```

A. [5, 4, 3, 2, 1]   B. [1, 2, 3, 4, 5]

C. 5, 4, 3, 2, 1   D. 1, 2, 3, 4, 5

32. 以下程序的输出结果是_____。

```
#1. ls = [12, 44, 23, 46]
#2. for i in ls:
#3.     if i == '44':
#4.         print('found it! i = ', i)
#5.         break
#6. else:
#7.     print('not found it…')
```

A. not found it…   B. found it! i＝44

C. found it! i＝44   D. found it! i='44'
   not found it…   not found it…

33. 以下程序的输出结果是_____。

```
#1. L1 = [1, 2, 3, 4]
#2. L2 = L1.copy()
#3. L2.reverse()
#4. print(L1)
```

A. 1, 2, 3, 4   B. [4, 3, 2, 1]

C. 4, 3, 2, 1   D. [1, 2, 3, 4]

34. 以下程序的输出结果不可能的选项是_____。

```
#1. import random
#2. ls = [2, 3, 4, 6]
#3. s = 10
#4. k = random.randint(0,2)
#5. s += ls[k]
#6. print(s)
```

A. 12   B. 14   C. 13   D. 16

35. 以下程序的输出结果是_____。

```
#1. ls = ['绿茶', '乌龙茶', '红茶', '白茶', '黑茶']
#2. x = '乌龙茶'
#3. print(ls.index(x,0))
```

A. 0   B. 1   C. −3   D. −4

36. 二维列表 ls＝[[9，8]，[7，6]，[5，4]，[3，2]，[1，0]]，能够获得数字 4 的选项是_____。

A. ls[−2][0]   B. ls[3][2]   C. ls[2][2]   D. ls[−3][−1]

37. 以下程序的输出结果是_____。

```
#1. lt = ['绿茶', '乌龙茶', '红茶', '白茶', '黑茶']
#2. ls = lt
#3. ls.clear()
#4. print(lt)
```

A. 变量未定义的错误

B. []

C. ['绿茶', '乌龙茶', '红茶', '白茶', '黑茶']

D. '绿茶', '乌龙茶', '红茶', '白茶', '黑茶'

二、填空题

1. 列表对象的 sort() 方法用来对列表元素进行原地排序，该方法的返回值为_____。

2. 表达式"[3] in [1,2,3,4]"的值为_____。

3. 表达式 list(range(1，10，3))的值为_____。

4. 已知列表对象 x＝['15', '25', '3']，则表达式 max(x) 的值为_____。

5. 已知列表 x 中包含超过 5 个以上的元素，那么表达式 x ＝＝ x[:5]＋x[5:] 的值为_____。

6. 已知列表 x＝[1，2，3]，那么表达式 [value for index, value in enumerate(x) if index＝＝2] 的值为_____。

7. 已知列表 x＝[1，3，2]，那么执行语句 y＝list(reversed(x)) 之后，y 的值为_____。

8. 已知列表 x＝[1，3，2]，那么执行语句 a，b，c＝map(str, sorted(x)) 之后，c 的值为_____。

9. 已知列表 x＝[1，2]，那么连续执行命令 y＝x[:] 和 y.append(3) 之后，x 的值为_____。

10. _____(可以、不可以)使用 del 命令来删除元组中的部分元素。

11. 已知列表 x＝[1，2，3]，那么执行语句 x.pop(0) 之后，x 的值为_____。

12. 假设有一个列表 a，现要求从列表 a 中每 3 个元素取 1 个，并且将取到的元素组成新的列表 b，可以使用语句_____。

13. 已知 x＝(2,)，那么表达式 x * 3 的值为_____。

14. 已知列表 x＝[1，2，3]，那么表达式 list(enumerate(x)) 的值为_____。

15. 写一行代码实现对列表 a 中的偶数位置的元素进行加 3 后求和,可以写成_____。

16. 表达式 [i for i in range(10) if i > 8] 的值为_____。

17. 表达式 [5 for i in range(3)] 的值为_____。

18. 表达式 [1, 2, 3].count(4) 的值为_____。

19. 假设列表对象 aList 的值为[3, 4, 5, 6, 7, 9, 11, 13, 15, 17],那么切片 aList[3:7] 得到的值是_____。

20. 已知 x = [3, 7, 5],那么执行语句 x.sort(reverse = True)之后,x 的值为_____。

21. 已知 x = [3, 5, 7],那么表达式 x[10:]的值为_____。

22. 已知 x = [3, 5, 7],那么执行语句 x[:3] = [2]之后,x 的值为_____。

23. 已知 x = [1, 2, 3, 4, 5],那么执行语句 del x[1:3] 之后,x 的值为_____。

24. 已知 x = [1, 2, 1],那么表达式 id(x[0]) == id(x[2]) 的值为_____。

25. 表达式 [index for index, value in enumerate([3, 5, 7, 3, 7]) if value == max([3,5,7,3,7])] 的值为_____。

三、编程题

1. 编写程序,求列表中的元素个数,最大值、最小值、元素之和、平均值,并请思考,有哪几种实现方法? 至少用两种方法实现。

2. 用户输入若干个分数存放到列表中,求所有分数的平均分。每输入一个分数后询问是否继续输入下一个分数,回答"yes"就继续输入下一个分数,回答"no"就停止输入分数。

3. 将一个列表中的元素为奇数的放到前面,偶数放到后面,并输出。

4. 编写程序,生成 20 个 0~100 随机数的列表,然后将列表中的奇数放到列表的前面,偶数放到后面,且奇数和偶数都要按升序存放,统计奇数和偶数的个数,并输出结果。

5. 统计 1900—2019 年中有多少闰年(使用列表推导式)。

6. 有一个 4 行 4 列的矩阵,求出其转置矩阵。

7. 将一个 4 行 4 列的矩阵逆时针旋转 90°。

8. 猴子吃桃问题:猴子第一天摘下若干个桃子,当天吃了一半,还不过瘾,又多吃了一个。第二天早上又将剩下的桃子吃掉一半,又多吃了一个。以后每天早上都吃了前一天剩下的一半加一个。到第十天早上再想吃时,发现就只剩一个桃子了。求第一天共摘了多少个桃子?

9. 编写程序,接收一个数字的列表;计算得到一个新的列表,其中,第 i 个元素是原列表的前 i 个元素的和。例如,原列表 x = [1,2,3,4,5],则新列表为[1,3,6,10,15]。

10. 在歌星大奖赛中,有 10 个评委为参赛的选手打分,分数为 1~100 分。选手最后得分为:去掉一个最高分和一个最低分后其余 8 个分数的平均值。请编写一个程序实现。

5.4 实 验 案 例

一、输出列表的子列表

1. 实验要求

用户输入一个列表和两个整数作为下标,然后输出列表中介于两个下标之间的元素组成的子列表。例如,用户输入[1,2,3,4,5,6]和2,5,程序输出[3,4,5,6]。编写并输入代码,保存到程序文件 Ex5-1.py 中,运行程序并观察结果。

2. 算法分析

使用列表的切片操作即可求出子列表。

3. 完善程序

```
#1. x = input('Please input a list:')
#2. x = eval(x)
#3. start, end = eval(input('Please input the start position and the end position:'))
#4. print(_____)
```

4. 调试程序

保存文件为 Ex5-1.py,运行程序,程序输出结果如下。

```
Please input a list:[1,2,3,4,5,6]
Please input the start position and the end position:2,5
[3, 4, 5, 6]
```

二、序列元素排序

1. 实验要求

生成包含 20 个随机数的列表,然后将前 10 个元素升序排列,后 10 个元素降序排列,并输出结果。编写并输入代码,保存到程序文件 Ex5-2.py 中,运行程序并观察结果。

2. 算法分析

使用内置函数 sorted()可对列表排序。

3. 完善程序

```
#1. import random
#2. #随机生成20个范围在[0,100]的随机数
#3. x = [random.randint(0,100) for i in range(20)]
#4. print(x)        #输出排序前的列表
#5. x[:10] = _____
#6. _____ = sorted(x[10:], reverse = True)
#7. print(x)        #输出排序后的列表
```

三、删除指定的元素

1. 实验要求

生成一个包含 50 个随机整数的列表,然后删除其中所有偶数。编写并输入代码,保存到程序文件 Ex5-3.py 中,运行程序并观察结果。

2. 算法分析

循环遍历列表元素,判断为偶数则将其删除。

3. 完善程序

```
#1. import random
#2. x = [random.randint(0,100) for i in range(50)]
#3. print(x)
#4. for i in range(len(x))[::-1]:        #从后往前遍历
```

```
#5.    if _____ :
#6.        del x[i]
#7. print(x)
```

四、部分元素排序

1. 实验要求

生成一个包含 20 个随机整数的列表,然后对其中偶数下标的元素进行降序排列,奇数下标的元素不变。编写并输入代码,保存到程序文件 Ex5-4.py 中,运行程序并观察结果。

2. 算法分析

使用切片完成,切片的步长为 2。

3. 完善程序

```
#1. import random
#2. x = [random.randint(0,100) for i in range(20)]
#3. print(x)
#4. x[::2] = sorted(_____)
#5. print(x)
```

五、整数的因式分解

1. 实验要求

用户从键盘输入小于 1000 的整数,对其进行因式分解。例如,$10 = 2 \times 5$,$60 = 2 \times 2 \times 3 \times 5$。编写并输入代码,保存到程序文件 Ex5-5.py 中,运行程序并观察结果。

2. 算法分析

对于一个整数 x,从 i(i 初始值为 2)开始判断,如果 x 能被 2 整除,则认为 2 是一个有效因子,将其保存在列表中,然后 x 的值变为 x//2,如果 x 不能被 2 整除,则开始从下一个数 i+1 判断。如此反复,直到最后 x 值变为 1,保存在列表中的所有数相乘就是因式分解的结果,其流程图如图 5-1 所示。

3. 完善程序

```
#1. x = input('Please input an integer less than 1000:')
#2. x = eval(x)
#3. t = x
#4. i = 2
#5. result = []              #该列表用于存放 x 的所有因子
#6. while _____ :
#7.     if t % i == 0:
#8.         _____
#9.         t = _____
#10.    else:
#11.        _____
#12. print(x,' = ',end = '')
#13. for i in range(len(result)):    #输出因式分解的结果
#14.     if _____
#15.         print(result[i],end = '')
#16.     else:
#17.         print(result[i],' * ',end = '')
```

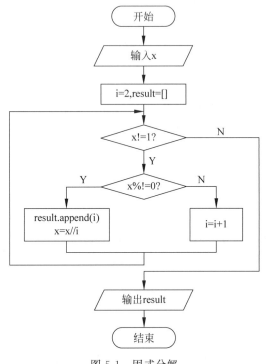

图 5-1   因式分解

六、删除重复元素

1. 实验要求

将列表中的重复元素去除,例如,列表内容为[1,2,3,1,5,3,7],去除重复元素后列表内容为[1,2,3,5,7]。编写并输入代码,分别保存到程序文件 Ex5-6-1.py 和 Ex5-6-2.py 中,运行程序并观察结果。

2. 完善程序

方法一:

```
#1. l=[1,2,3,1,5,3,7]          #将本方法代码存入程序文件 Ex5-6-1.py
#2. L=[]
#3. for i in l:
#4.     if i not in L:
#5.         _____
#6. print(L)
```

方法二:使用集合(第 6 章会学到集合)

```
#1. l=[1,2,3,1,5,3,7]          #将本方法代码存入程序文件 Ex5-6-2.py
#2. list(set(l))               #直接将列表转换为集合,再转换为列表
```

七、插入排序法

1. 实验要求

不使用内置函数和列表 sort()方法的前提下,使用插入排序法对列表中元素排序。编写并输入代码,保存到程序文件 Ex5-7.py 中,运行程序并观察结果。

2. 算法分析

插入排序是最常见的数据排序方法之一,它的基本原理就是将一个数据插入到一组已经排好序的序列当中,插入后该序列依旧是有序的。

算法思想(从小到大排序):

(1) 一组数据(包含 N 个元素的列表 x),设置变量 i,j,temp,i 是待插入元素的下标,将 x[i] 赋值给 temp,j 用来搜索比较。

(2) i 的初始值为 1,即从第二个元素开始,只有一个元素的列表直接被认为是已经排好序的,所以从第二个元素开始,j 的初始值为 i−1。

(3) 将 i 之前的数据都与 temp 比较,即与待插入数据进行比较,用 j 来移动下标,每次 j=j−1,直到找到一个比 temp 小的或等于的值,亦或找到了该序列的尽头(即下标为 0)停止,将 temp 放到 j+1 的位置,即将待插入的数据插入到 j+1 的位置,该待插入数据就已经插入到了正确的位置。

(4) 然后将 i=2,从第三个元素开始,j=i−1,执行 temp=a[i],重复步骤 3,直到 i==N−1 停止,即所有数据都已经放到了正确的位置上,该序列即为一个有序序列。

例如,"17、13、9、12、5"的排序过程如表 5-2 所示。

表 5-2　插入排序过程示例

原始数据	17	13	9	12	5
第一轮	**13**	17	9	12	5
第二轮	**9**	13	17	12	5
第三轮	9	**12**	13	17	5
第四轮	**5**	9	12	13	17

3. 完善程序

```
#1. x = input('Please input a list:')
#2. x = eval(x)
#3. n = len(x)
#4. print("排序前: ",x)
#5. for i in range(1,n):          #外循环(1～n−1)
#6.     if _____ :
#7.         temp = x[i]
#8.         j = i−1
#9.         while _____ :    #内循环,元素后移
#10.            x[j+1] = x[j]
#11.            j −= 1
#12.        _____
#13. print("\n排序后: ",x)
```

八、选择排序

1. 实验要求

不使用内置函数和列表 sort() 方法的前提下,使用选择排序法对列表中元素排序。编写并输入代码,保存到程序文件 Ex5-8.py 中,运行程序并观察结果。

2. 算法分析

选择法排序的思路是:将 n 个数依次比较,保存最大数的下标位置,然后将最大数和第

1 个列表元素换位;接着再将 n−1 个数依次比较,保存次大数的下标位置,然后将次大数和第 2 个列表元素换位;接着再将 n−2 个数依次比较,保存第 3 大数的下标位置,然后将第 3 大数和第 3 个列表元素换位。按此规律,直至比较换位完毕。

例如,"2、3、9、6、5"的排序过程示意如下。

第 1 步:[2 3 9 6 5]5 个数比较,保存最大数 9 的下标位置 2,将 9 和第 1 个数组元素 2 换位。

第 2 步:9 [3 2 6 5]余下 4 个数比较,保存次大数 6 的下标位置 3,将 6 和第 2 个数组元素 3 换位。

第 3 步:9 6 [2 3 5]余下 3 个数比较,保存第 3 大数 5 的下标位置 4,将 5 和第 3 个数组元素 2 换位。

第 4 步:9 6 5 [3 2]最后两个数比较,不换位。

至此,排序完成。

3. 完善程序

```
#1.  x = input('Please input a list:')
#2.  x = eval(x)
#3.  n = len(x)
#4.  for j in range(n):                   #外循环(0~n−1)
#5.      max1 = x[j]
#6.      label = j                        #当前位置下标
#7.      for i in range(j+1,n):           #内循环,查找最大值下标
#8.          if _____:
#9.              max1 = x[i]
#10.          _____
#11.      t = x[label]                     #元素交换
#12.      _____
#13.      x[j] = t
#14. print('排序结果: ', x)
```

九、序列处理

1. 实验要求

输入三个正数序列,从三个序列中各取一个值相乘,输出乘积最大的三个数及各序列中所取数的位置。例如,输入的三个序列为[2,3,1],[4,6,3],[5,2,4],最大值为 $3\times6\times5$,下标 1,1,0 组合,第一个序列第二个,第二个序列第二个,第三个序列第一个。编写并输入代码,保存到程序文件 Ex5-9.py 中,运行程序并观察结果。

2. 算法分析

分别取出三个序列的最大元素,相乘的结果即为最大值,同时记录下所取元素在各自序列中的下标即可。

3. 完善程序

```
#1.  x = input('Please input a list:')
#2.  x = eval(x)
#3.  y = input('Please input a list:')
#4.  y = eval(y)
#5.  z = input('Please input a list:')
```

```
#6.  z = eval(z)
#7.  i = _____
#8.  iPos = _____
#9.  j = max(y)              #列表 y 的最大值
#10.jPos = y.index(j)        #最大值所在的下标
#11.k = max(z)
#12.kPos = z.index(k)
#13.result = _____
#14.print(result, (iPos, jPos, kPos))
```

4. 思考题

如果序列中包括负数,程序需要调整吗? 为什么? 如果需要调整,应该怎么改动?

十、水仙花数

1. 实验要求

水仙花数是指 1 个 3 位的十进制数,其各位数字的立方和等于该数本身。例如,153 是水仙花数,因为 $153 = 1^3 + 5^3 + 3^3$。编写并输入代码,保存到相应程序文件中,运行程序并观察结果。

2. 算法分析

方法很多,例如:

(1) 第 4 章介绍过用"穷举法"分别搜索 100～999 满足条件的值,采用算术运算符求出个位、十位、百位。

(2) 可以使用 Python 内置函数 divmod() 依次求出个位、十位、百位。

(3) 可以使用序列解包。

(4) 可以使用 lambda 表达式。

3. 完善程序

参考代码一,算术运算符。代码保存到程序文件 Ex5-10-1.py 中。

```
#1. for num in range(100, 1000):
#2.     bai = num // 100         #百位
#3.     shi = _____       #十位
#4.     ge = num % 10            #个位
#5.     if _____ :        #判断是否水仙花数
#6.         print(num)
```

参考代码二,内置函数。代码保存到程序文件 Ex5-10-2.py 中。

```
#1. for num in range(100, 1000):
#2.     bai, rest = divmod(num, 100)     #百位及余数
#3.     shi, ge = _____
#4.     if ge * * 3 + shi * * 3 + bai * * 3 == num:
#5.         print(num)
```

参考代码三,序列解包。代码保存到程序文件 Ex5-10-3.py 中。

```
#1. for num in range(100, 1000):
#2.     bai, shi, ge = map(_____)
#3.     if ge * * 3 + shi * * 3 + bai * * 3 == num:
#4.         print(num)
```

＃ 参考代码四,lambda 表达式。代码保存到程序文件 Ex5-10-4.py 中。

```
#1. for num in range(100, 1000):
#2.     r = map(_____)
#3.     if sum(r) == num:
#4.         print(num)
```

十一、查找特定元素

1. 实验要求

随机生成一个列表,查找列表元素中最大值的所有出现和首次出现位置。例如,
[23,45,28,56,45,56,32,11,21,10],其最大值为 56,出现的位置有 3 和 5,首次出现的位置是 3。编写并输入代码,保存到程序文件 Ex5-11.py 中,运行程序并观察结果。

2. 算法分析

可以利用内置函数 max 求出列表元素的最大值,再遍历列表元素,将所有值等于该最大值的元素下标记录到另一个列表中。

3. 完善程序

```
#1.  import random
#2.  randomNums = [random.randrange(30) for i in range(10)]
#3.  m = max(randomNums)        #最大值
#4.  listPos = []               #listPos 用于存放 m 在列表中出现的所有位置下标
#5.  length = _____
#6.  for i in range(length):
#7.      if(randomNums[i] == m):
#8.          _____
#9.  print("序列: ", randomNums)
#10. print("最大值为: ", m)
#11. print("序列中出现该最大值的位置有: ", listPos)
#12. print("其中,首次出现的位置为: ", listPos[0])
```

十二、约瑟夫问题

1. 实验要求

给 10 个学生编号 1~10,按顺序围成一圈,按 1~3 报数,凡报到 3 者出列,然后下一个人继续从 1 开始报数,直到最后只剩下一个人,计算剩下这个人是第几号学生并输出。编写并输入代码,保存到程序文件 Ex5-12.py 中,运行程序并观察结果。

2. 算法分析

定义一个学生编号的列表 listNo,里面存放 10 个值都为 1 的元素,列表元素的下标即表示学生的编号,例如,下标 0 表示的是 1 号同学,下标 1 表示的是 2 号同学,……,下标 9 表示的是 10 号同学。报数的过程就是将列表中对应的元素相加的过程,当加到和为 3 时,说明该同学应该出列,则将该元素值变为 0,同时将学生总数减去 1,直到最后学生总数为 1 为止。

3. 完善程序

```
#1.  num = int(input("请输入学生总数: "))
#2.  listNo = []
#3.  j = 0
```

```
♯4.  for i in range(num):
♯5.      listNo.append(1)          ♯将列表元素全部初始化为 1
♯6.  sum1 = 0
♯7.  while True:
♯8.      sum1 += listNo[j]
♯9.      if _____:
♯10.         listNo[j] = 0          ♯表示下标为 j 的同学出列
♯11.         sum1 = 0              ♯重新报数,累加结果
♯12.         ♯print(listNo)        ♯跟踪测试,观察中间有同学出列后列表变化情况
♯13.         num -= 1             ♯有同学出列,num-1
♯14.         if _____:      ♯循环强行结束
♯15.            break
♯16.      _____
♯17.      if j >= len(listNo):      ♯到达列表最后的元素后,重新回到列表开头
♯18.         _____
♯19. for i in range(len(listNo)):
♯20.     if _____:
♯21.         print("最后剩下的同学是: ",i+1,"号!")
♯22.         break;
```

第6章 字典和集合

6.1 知识要点

6.1.1 字典

1. 字典的创建和删除

1）字典的创建

可以使用 dict 类的构造函数创建一个空字典，也可以使用"="直接创建一个字典并赋值给其他变量，其格式如下。

> 格式 1：字典名 = dict{}
> 格式 2：字典名 = {元素 1，元素 2，…，元素 n}

2）字典的删除

当字典不用时可以使用 del 命令将其删除，其格式如下。

> del 字典名

2. 字典元素的访问

字典中的每个元素表示一种映射关系或者对应关系，可以根据"键"作为下标来访问对应的"值"，其格式如下。

> 字典名[键]

使用字典对象的 get( )方法也可以获得指定"键"对应的"值"，其格式如下。

> 字典名.get(键)

3. 字典元素的修改、添加与删除

1）字典元素的修改、添加

使用"键"作为下标为字典元素赋值时，有两种含义：①若该"键"存在，则表示修改该"键"

对应的值;②若该"键"不存在,则表示添加一个新的"键:值"对,即添加一个新的元素。

字典对象的 update( )方法可以将另一个字典的所有元素的"键:值"一次性全部添加到当前字典对象,如果两个字典中存在相同的"键",则以另一个字典中的"值"来对当前字典进行更新。

2)字典元素的删除

字典对象的 pop( )和 popitem( )方法可以弹出并删除指定的元素。

4. 字典对象的遍历

对字典对象遍历时,默认的是遍历字典的"键"。如果需要遍历字典的元素,必须使用字典对象的 items( )方法明确说明,如果需要遍历字典的"值",必须使用字典对象的 values( )方法明确说明。

当使用 len( )、max( )、min( )、sum( )等内置函数对字典对象进行操作时,也遵循以上同样的规则。

6.1.2 集合

1. 集合的创建和删除

1)集合的创建

集合的创建可以使用 set 类的构造函数创建一个空集合,也可以使用"="直接创建一个集合并赋值给其他变量,其格式如下。

> 格式 1:集合名 = set( )
> 格式 2:集合名 = {元素 1,元组 2,…,元素 n}

2)集合的删除

当集合不用时可以使用 del 命令将其删除,其格式如下。

> del 集合名

2. 集合元素的添加和删除

1)集合元素的添加

集合对象的 add( )方法可以添加新元素,如果该元素已存在则自动忽略该操作。

使用集合对象的 update( )方法可以合并另外一个集合中的元素到当前集合中,并自动去除重复的元素。

2)集合元素的删除

集合对象的 pop( )方法可随机删除并返回集合中的一个元素;remove( )方法则可删除集合中指定的元素;clear( )方法可清空集合。

3. 集合的运算

len( )、max( )、min( )、sum( )、sorted( )等内置函数也同样适用于集合。另外,集合还支持交集(&)、并集(|)和差集(−)等运算。

6.1.3 列表、元组、字典与集合的对比

列表、元组、字典与集合是 Python 中常用的数据类型,使用灵活多变,熟练掌握其用法有助于快速解决问题。表 6-1 列出了这几种序列结构的对比情况。

表 6-1　Python 中 4 种序列的对比

对　比　项	列　　　表	元　　　组	字　　　典	集　　　合
类型名称	list	tuple	dict	set
定界符	方括号[ ]	圆括号( )	大括号{ }	大括号{ }
是否可变	是	否	是	是
是否有序	是	是	否	否
是否支持下标	序号下标	序号下标	键下标	否
元素分隔符	逗号,	逗号,	逗号,	逗号,
元素形式要求	无	无	键:值	必须可哈希
元素值要求	无	无	"键"必须可哈希	必须可哈希
元素是否可重复	是	是	"键"不可重复	否
元素查找速度	非常慢	很慢	非常快	非常快
增加、删除元素的速度	尾部操作快,其他位置慢	不允许	快	快

6.2　例题分析与解答

一、选择题

1. Python 语句 nums = set([1,2,2,3,3,3,4]); print(len(nums)) 的输出结果是_____。

A. 1　　　　　　　　B. 2　　　　　　　　C. 4　　　　　　　　D. 7

分析：同一集合中的元素是唯一的,元素之间不允许重复。将一个列表转换为集合时会自动去重,所以 nums 只保留不同值的元素 1、2、3 和 4,所以选 C 选项。

答案：C

2. 下列哪种说法是错误的?_____

A. 除字典类型外,所有标准对象均可以用于布尔测试

B. 空字符串的布尔值是 False

C. 空列表对象的布尔值是 False

D. 值为 0 的任何数字对象的布尔值是 False

分析：字典类型也是可用于布尔测试,例如,x={'a':1, 'b':2},bool(x)=True,其余选项都是正确的,所以选 A 选项。

答案：A

3. 以下不能创建一个字典的语句是_____。

A. dict1={}　　　　　　　　　　　　B. dict2={3:5}

C. dict3={[1,2,3]:"uestc"}　　　　　　D. dict4={(1,2,3):"uestc"}

分析：由于字典中的"键"必须是任何不可变的数据,但不能是列表、集合、字典或其他可变类型,D 选项中,字典的"键"是元组,元组是不可变的,所以是对的,只有 C 选项使用了列表作为"键",列表是可变的,不能作为键,所以选 C 选项。

答案：C

4. Python 语句 d＝{1：'a',2：'b',3：'c'}；print(len(d))的运行结果是＿＿＿＿＿＿＿＿。

A. 0　　　　　　B. 3　　　　　　C. 2　　　　　　D. 6

分析：字典中的每个元素都是一个"键：值"对,很明显字典 d 中有 3 个"键：值"对,所以选 B 选项。

答案：B

5. Python 语句 s＝{' a',1,' b',2}；print(s['b'])的运行结果是＿＿＿＿＿＿＿＿。

A. 语法错误　　　B. b　　　　　　C. 1　　　　　　D. 2

分析：语句 s＝{'a',1,'b',2}定义了一个集合而不是字典,该集合有 4 个元素,而集合的元素是无序的,所以不能用访问字典元素的方法来访问集合,所以 s['b']的写法会有语法错误,选 A 选项。

答案：A

6. 表达式 sorted({'a':3, 'b':9, 'c':78})的值为＿＿＿＿＿＿＿＿。

A. [3,9,78]　　B. [78,9,3]　　C. ['c','b','a']　　D. ['a','b','c']

分析：sorted()函数返回排序后的列表。此例中,没有指定 reverse 参数值则默认是按升序排序。本题排序的迭代对象是字典,对字典排序默认的是按字典元素的"键"来排序的,因此得到的结果是['a', 'b', 'c'],选 D 选项。

答案：D

7. 已知字典 x＝{i:str(i＋3) for i in range(3)},那么表达式 sum(x)的值为＿＿＿＿＿＿＿＿。

A. 12　　　　　　B. 3　　　　　　C. 15　　　　　　D. 6

分析：字典推导式(和列表推导的使用方法是类似的,只不过中括号改成了大括号)得到的元素的"键"为 i,"值"为 i＋3 并转换为字符串格式,而 i 的取值为 0、1 和 2,因此 x 的值为{0: '3', 1: '4', 2: '5'},sum()函数求出字典元素的"键"的和,即 0＋1＋2,因此 sum(x)＝3,选 B 选项。

答案：B

8. 已知 x＝{1:2},那么执行语句 x[2]＝3 之后,x 的值为＿＿＿＿＿＿＿＿。

A. {3:2}　　　　B. {1:3}　　　　C. [1:2,2:3]　　　D. {1:2,2:3}

分析：对于字典 x,语句 x[2]＝3 的含义是,如果该字典中含有"键"为 2 的元素,则将该元素的"值"赋为 3,如果没有,则在字典中添加一个新的元素,该新元素"键"是 2,"值"是 3,因此执行完该语句后,x＝{1:2,2:3},选 D 选项。

答案：D

9. Python 语句 print(type({1,2,3,4}))的输出结果是＿＿＿＿＿＿＿＿。

A. ＜ class 'tuple'＞　　　　　　　　B. ＜ class 'dict'＞

C. ＜ class 'set＞　　　　　　　　　D. ＜ class 'list'＞

分析：内置函数 type()用来查看变量的类型。在 Python 中,字典和集合都使用大括号作为定界符,但是字典的元素是键值对,"键"和"值"之间用冒号分隔,需要注意的是,如果是一对空大括号{}则被认为是一个空字典,而不是集合,创建空集合要用 set()方法。很明显{1,2,3,4}是集合 set,所以选 C 选项。

答案：C

二、填空题

1. 使用字典对象的＿＿＿＿【1】＿＿＿＿方法可以返回字典的"键-值"对列表,使用字典对象的

　　　　　【2】　　　　方法可以返回字典的"键"列表,使用字典对象的　　【3】　　　　方法可以返回字典的"值"列表。

　　分析:items()方法可以返回字典的元素组成的列表,keys()方法可以返回字典对象的所有元素的"键"组成的列表,而 values()方法可以返回字典对象的所有元素的"值"组成的列表,因此答案分别是 items()、keys()、values()。

　　答案:【1】items()、【2】keys()、【3】values()

　　2. 表达式{1,2,3,4,5,6}^{5,6,7,8}的值为_____。

　　分析:"^"符号用于集合运算,表示的是求两个集合的对称差集,即两个集合的所有元素再去除掉两个集合的共同元素,所以该表达式值为{1,2,3,4,7,8}。

　　答案:{1,2,3,4,7,8}

　　3. 表达式 {1:'a', 2:'b', 3:'c'}. get(4, 'd') 的值为_____。

　　分析:字典对象的 get()方法用来返回指定"键"对应的"值",并且允许指定该"键"不存在时返回特定的"值"。本题中,字典{1:'a', 2:'b', 3:'c'}并没有"键"为 4 的元素,因此返回指定的"值",即'd'。

　　答案:'d'

　　4. 表达式 {1,2,3}<{3,4,5} 的值为_____。

　　分析:"<"用在集合的运算,表示的是比较集合的大小,即包含关系,而不是比较集合元素值的大小。很明显,集合{1,2,3}并不包含于{3,4,5},表达式不成立,因此值为 False。

　　答案:False

　　5. 表达式 {1,2,3}－{3,4,5} 的值为_____。

　　分析:"－"符号用于集合运算,表示的是求两个集合的差集,所以该表达式值为{1,2}。

　　答案:{1,2}

　　6. 表达式 {1,2,3} & {2,3,4} 的值为_____。

　　分析:"&"符号用于集合运算,表示的是求两个集合的交集,所以该表达式值为{2,3}。

　　答案:{2,3}

　　7. 已知 x={1:1, 2:2},那么执行语句 x[2]=4 之后,len(x)的值为_____。

　　分析:对于字典x,语句 x[2]=4 的含义是,如果该字典中含有"键"为 2 的元素,则将该元素的"值"赋为 4,如果没有,则在字典中添加一个新的元素,该新元素"键"是 2,"值"是 4。很明显,x 中是有"键"为 2 的元素的,因此执行完该语句后,x={1:1,2:4},len(x)的值为 2。

　　答案:2

6.3　测　试　题

一、选择题

1. 表达式 {1,2,3}. union({2,3,4}) 的值为_____。

A. {1,2}　　　　　B. {1,4}　　　　　C. {1,2,3,4}　　　　D. {2,3}

2. 已知 x={1:2, 2:3},那么表达式 x. get(2, 4) 的值为_____。

A. 3　　　　　　　B. 4　　　　　　　C. 2　　　　　　　D. 1

3. 已知 x={1:2, 2:3, 3:4},那么表达式 sum(x) 的值为_____。

A. 3　　　　　　　B. 15　　　　　　　C. 9　　　　　　　D. 6

4. 已知 x={1, 2, 3},那么执行语句 x.add(3) 之后,sum(x)/len(x)的值为_____。

A. 2　　　　　　　B. 2.0　　　　　　　C. 2.5　　　　　　　D. 3.0

5. 表达式{1, 2, 3 ,4, 5}.symmetric_difference({4, 5, 6, 7})的值为_____。

A. {1,2,3}　　　B. {4,5}　　　　C. {1,2,3,6,7}　　D. {1,2,3,4,5,6,7}

6. 表达式 {1, 2, 3, 4}. difference ({3, 4, 5, 6})的值为_____。

A. {1,2}　　　　B. {5,6}　　　　C. {1,2,5,6}　　D. {3,4}

7. 已知 x={1:2, 2:3, 3:4},那么表达式 sum(x. values()) 的值为_____。

A. 3　　　　　　　B. 15　　　　　　　C. 9　　　　　　　D. 6

8. 字典 d={ 'Python':123, 'C':123, 'C++':123},len(d)的结果是_____。

A. 3　　　　　　　B. 6　　　　　　　C. 9　　　　　　　D. 12

9. 以下不是 Python 组合数据类型的是_____。

A. 字符串类型　　　　　　　　　B. 集合类型

C. 复数类型　　　　　　　　　　D. 字典类型

10. 以下关于组合类型的描述,正确的是_____。

A. 字典的 items()方法返回一个键值对,并用元组表述空字典

B. 可以用 set 创建集合,用中括号和赋值语句增加新元素

C. 字典数据类型里可以用列表作键

D. 字典可以用大括号来创建

11. 以下不能用于生成空字典的选项是_____。

A. dict(())　　　B. dict()　　　　C. {}　　　　　D. {[]}

12. 对于字典 d,以下选项对 d. values()的描述正确的是_____。

A. 返回一个集合类型,其中包括字典 d 的所有值

B. 返回一个列表类型,其中包括字典 d 的所有值

C. 返回一个元组类型,其中包括字典 d 的所有值

D. 返回一个 dict_values 类型,其中包括字典 d 的所有值

13. 以下关于 Python 字典的描述中,错误的是_____。

A. 在定义字典对象时,键和值用冒号连接

B. 在 Python 中,用字典来实现映射,通过整数索引来查找其中的元素

C. 字典中的键值对之间没有顺序并且不能重复

D. 字典中引用与特定键对应的值时,用字典名称和中括号中包含键名的格式

14. 以下代码的输出结果是_____。

```
#1. d = {'food':{'cake':1, 'egg':5}}
#2. print(d.get('cake', 'no this food'))
```

A. egg　　　　　B. 1　　　　　　C. food　　　　D. no this food

15. 以下关于 Python 字典变量的定义中,错误的是_____。

A. d={1:[1,2], 3:[3,4]}　　　　　　　B. d={[1,2]:1, [3,4]:3}

C. d＝{(1,2):1，(3,4):3}　　　　　D. d＝{'张三':1,'李四':2}

16. 下面的 d 是一个字典变量,能够输出数字 5 的语句是_____。

d = {'food':{'cake':1, 'egg':5}, 'cake':2, 'egg':3}

A. print(d['egg'])　　　　　　　B. print(d['food']['egg'])

C. print(d['food'][-1])　　　　　D. print(d['cake'][1])

17. 以下代码的输出结果是_____。

```
#1. d = {"大海":"蓝色", "天空":"灰色", "大地":"黑色"}
#2. print(d["大地"], d.get("大地", "黄色"))
```

A. 黑色 黑色　　　　B. 黑色 灰色　　　　C. 黑色 黄色　　　　D. 黑色 蓝色

18. 以下代码的输出结果是_____。

```
#1. d = {}
#2. for i in range(26):
#3.     d[chr(i + ord("a"))] = chr((i + 13) % 26 + ord("a"))
#4. for c in 'Python':
#5.     print(d.get(c,c), end = '')
```

A. Pabugl　　　　B. Plguba　　　　C. Cabugl　　　　D. Python

19. 以下程序的输出结果是_____。

```
#1. x = [90,87,93]
#2. y = ('Aele', 'bob', 'lala')
#3. z = {}
#4. for i in range(len(x)):
#5.     z[i] = list(zip(x, y))
#6. print(z)
```

A. {0：[(90, 'Aele'), (87, 'Bob'), (93,'lala')], 1：[(90, 'Aele'), (87, 'Bob'), (93,'lala')], 2：[(90, 'Aele'), (87, 'Bob'), (93,'lala')]}

B. {0：(90, 'Aele'), 1：(87, 'Bob'), 2：(93,'lala')}

C. {0：[90, 'Aele'], 1：[87, 'Bob'], 2：[93,'lala']}

D. {0：([90, 87, 93], ('Aele', 'Bob', 'lala')), 1：([90, 87, 93], ('Aele', 'Bob', 'lala')), 2：([90, 87, 93], ('Aele', 'Bob', 'lala'))}

20. 以下程序的输出结果是_____。

```
#1. ss = set('htslbht')
#2. sorted(ss)
#3. for i in ss:
#4.     print(i, end = '')
```

A. tsblth　　　　B. htslbht　　　　C. hltsb　　　　D. hhlstt

21. 为以下程序填空,使得输出结果是{40：'yuwen', 20：'yingyu', 30：'shuxue'}的选项是_____。

```
#1. tb = {'yingyu' :20,'shuxue':30,'yuwen' :40}
```

```
#2. stb={}
#3. for it in tb.items():
#4. _____
#5. print(stb)
```

A. stb[it[1]]=tb[it[0]]　　　　　B. stb[it[1]]=stb[it[0]]

C. stb[it[1]]=tb[it[1]]　　　　　D. stb[it[1]]=it[0]

22. 为以下程序填空,能输出{0:[90, 'Aele'], 1:[87, 'Bob'], 2:[93,'lala']}结果的是_____。

```
#1. x = [90, 87, 93]
#2. y = ('Aele', 'Bob', 'lala')
#3. z = {}
#4. for i in range(len(x)):
#5. _____
#6. print(z)
```

A. z[i]=[x[i], y[i]]　　　　　B. z[i]=x[i], y[i]

C. z[i]=list(zip(x,y))　　　　　D. z[i]=x,y

23. 关于字典的描述,错误的是_____。

A. 字典的元素以键为索引进行访问

B. 字典的一个键可以对应多个值

C. 字典长度是可变的

D. 字典是键值对的结合,键值对之间没有顺序

24. 以下程序的输出结果是_____。

```
#1. x = dict()
#2. print(type(x))
```

A. <class'set'>　　　　　B. <class'list'>

C. <class'dict'>　　　　　D. <class'tuple'>

二、填空题

1. 在 Python 中,字典和集合都是用一对____【1】____作为定界符,字典的每个元素由两部分组成,即____【2】____和____【3】____,其中,____【4】____不允许重复。

2. list 对象 alist=[{'name':'Tom ','age':21},{'name':'Jack','age':23},{'name':'Lily','age':22}],若用一条语句实现按 alist 中元素的 age 由大到小排序,该语句为_____。

3. 假设有列表 a=['name','age','sex']和 b=['James',33,'Male'],请使用一个语句将这两个列表的内容转换为字典,并且以列表 a 中的元素为键,以列表 b 中的元素为值,这个语句可以写为_____。

4. 表达式 sorted({'a':3, 'b':1, 'c':2}.values())的值为_____。

5. 表达式 {1, 2, 3} | {3, 4, 5} 的值为_____。

6. 表达式 {1, 2, 3} == {1, 3, 2} 的值为_____。

7. 表达式 {1, 2, 3}<{1, 2, 3} 的值为_____。

8. 表达式 {1, 2, 3} & {3, 4, 5} 的值为_____。

9. 已知 x={1:2, 2:3},那么表达式 x.get(0, 0) 的值为_____。

10. 已知 x={1:1},那么执行语句 x[2]=2 之后,len(x) 的值为_____。

11. 表达式 {1, 2, 3, 4, 5} ^ {4, 5, 6, 7} 的值为_____。

12. 已知 x={1:1, 2:2},那么执行语句 x.update({2:3, 3:3}) 之后,表达式 sorted(x.items()) 的值为_____。

13. 已知 x={1:2, 2:3, 3:4},那么表达式 sum(x.values()) 的值为_____。

14. 已知 x={1:2, 2:3},那么表达式 x.get(2, 4) 的值为_____。

15. 已知 x={1:1, 2:2},那么执行语句 x[2]=4 之后,len(x) 的值为_____。

16. 已知 x={1, 2, 3},那么执行语句 x.add(3) 之后,x 的值为_____。

17. 已知 x={'a':'b', 'c':'d'},那么表达式 'b' in x 的值为_____。

18. 使用运算符测试集合 A 是否为集合 B 的真子集的表达式可以写作_____。

19. 表达式 type({}) == set 的值为_____。

20. 表达式 { * range(4), 4, * (5, 6, 7)} 的值为_____。

21. 已知字典 x = {i: str(i + 3) for i in range(3)},那么表达式 sum(x) 的值为_____。

三、编程题

1. 编写程序,用一个字典来存储一个人的信息,包括名、姓、年龄和居住的城市,并将存储在该字典中的每项信息都打印出来。

2. 编写程序,在第 1 题的基础上,再创建两个表示人的字典,然后将这三个字典都存储在一个名为 Person 的列表中。遍历这个列表,将其中三个人的所有信息都打印出来。

3. 编写程序,输入一个数字,统计输入的各个数字重复了多少次,统计结果存入字典中,并输出该字典内容。例如,输入 1221331,字典内容为{'2': 2, '3': 2, '1': 3}。

4. 编写程序,随机从[1,1000]中取出 100 个数,升序打印所有不同数字及其出现次数。

5. 编写程序,有三门考试:语文、数学和英语,随机为参加这 3 门课考试的 20 名学生,生成分数范围在[50,100],要求每一门科目中所有分数不能重复。

6. 编写程序,假设有一字典:x={'a':643, 'b':145},需要为字典添加一个新的元素,该新元素的 key 为 'c',value 为 'a'、'b'两个键对应值中出现的所有数字的组成的一个最小值,例如该例中,'a'、'b'两个键的对应值(643 和 145)共出现了 5 个数字,6,4,3,1,5,能组合的最小值为 13456,则合并后的字典为:x={'a':123, 'b':145 ,'c':13456}。

6.4 实 验 案 例

一、设计字典

1. 实验要求

以用户输入内容作为键,然后输出字典中对应的值,如果用户输入的键不存在,则输出"您输入的键不存在!"。输入代码,保存到程序文件 Ex6-1.py 中,运行程序并观察结果。

2. 实现代码

```
#1. d = {1:'a', 2:'b', 3:'c', 4:'d'}
#2. v = input('Please input a key:')
```

```
#3. v = eval(v)
#4. print(d.get(v,'您输入的键不存在'))
```

二、统计数字的出现次数

1. 实验要求

生成包含 1000 个 0～100 的随机整数,并统计每个元素出现的次数。编写并输入代码,保存到程序文件 Ex6-2-1.py 和 Ex6-2-2.py 中,运行程序并观察结果。

2. 算法分析

生成的随机数存放在列表中,将列表转换为集合即可以去除重复的元素,再遍历集合中的元素,统计出每个元素在列表中出现的次数。

3. 完善程序

方法一:使用集合。代码存入程序文件 Ex6-2-1.py。

```
#1. import random
#2. x = [random.randint(0,100) for i in range(1000)]
#3. # 使用集合
#4. s = _____
#5. for v in s:
#6.     print(v, ':', _____)
```

方法二:使用字典。代码存入程序文件 Ex6-2-2.py。

```
#1. import random
#2. x = [random.randint(0,100) for i in range(1000)]
#3. # 使用字典
#4. d = _____
#5. for v in x:
#6.     d[v] = _____
#7. for k, v in d.items():
#8.     print(k,':', v)
```

三、统计字符的出现次数

1. 实验要求

生成包含 1000 个随机字符(仅包含大小写字符)的字符串,然后统计每个元素出现的次数。编写并输入代码,保存到程序文件 Ex6-3.py 中,运行程序并观察结果。

2. 算法分析

可参考实验题二。

3. 完善程序

```
#1. import string
#2. import random
#3. x = string.ascii_letters
#4. y = [random.choice(x) for i in range(1000)]
#5. z = ''.join(y)
#6. d = dict()                    # 使用字典保存每个字符出现次数
#7. for ch in z:
#8.     d[ch] = _____
#9. for k, v in _____
#10.     print(k,':', v)
```

4. 思考题

词频统计,输入一篇英文文章,统计文章出现的不同的单词数,并按词频降序输出。本思考题可在第 7 章"字符串与正则表达式"学完后完成。

四、轮盘抽奖游戏

1. 实验要求

轮盘抽奖是比较常见的一种游戏,在轮盘上有一个指针和一些不同颜色、不同面积的扇形,用力转动轮盘,轮盘慢慢停下后依靠指针所处的位置来判定是否中奖以及奖项等级。随机抽奖 1000 次,统计出中奖情况。编写并输入代码,保存到程序文件 Ex6-4.py 中,运行程序并观察结果。

2. 算法分析

首先设置各奖项中奖的概率,然后生成 1000 次随机数,判断每次的随机数落在哪个中奖概率中,并统计出该奖项中奖次数。

3. 完善程序

```
#1.  from random import random
#2.  #各奖项的中奖概率
#3.  prize = {'一等奖':(0, 0.08),'二等奖':(0.08, 0.3),'三等奖':(0.3, 1.0)}
#4.  result = dict()                          #该字典存放中奖情况
#5.  for i in range(1000):                    #模拟 1000 次抽奖情况
#6.      num = random()                       #生成随机数,在[0,1)范围内
#7.      for k, v in prize.items():           #遍历 prize 字典
#8.          if _____ :                 #判断出本次的奖项
#9.              result[k] = result.get(k, 0) + 1     #对应的奖项中奖次数加 1
#10.for _____
#11.    print(item)
```

五、集合的基本运算

1. 实验要求

输出两个 Set 集合的并集、交集、差集、对称差集。输入代码,保存到程序文件 Ex6-5.py 中,运行程序并观察结果。

2. 算法分析

调用 set 对象的常用方法。

3. 实现代码

```
#1.  #集合是无序的
#2.  list_1 = [1,3,4,5,7,3,6,7,9]
#3.  set_1 = set(list_1)              #集合去重
#4.  set_2 = set([2,6,0,66,22,8,4])
#5.  print('集合 1: ',set_1)
#6.  print('集合 2: ',set_2)
#7.  #交集
#8.  print('交集:',set_1.intersection(set_2))
#9.  #并集
#10.print('并集:',set_1.union(set_2))
#11.#差集
#12.print('差集:',set_1.difference(set_2))
```

♯13.♯对称差集
♯14.print('对称差集',set_1.symmetric_difference(set_2))

六、生成不重复的随机数集

1. 实验要求

在给定范围内生成指定数量的随机不重复且有序数集。编写并输入代码,保存到程序文件Ex6-6.py中,运行程序并观察结果。

2. 算法分析

由于集合中的元素是不能重复的,所以,可以将生成的随机数放到集合中,从而得到不重复的随机数。

3. 完善程序

```
♯1.  import random
♯2.  num = input("请输入要生成的不重复随机数个数: ")
♯3.  s = set()
♯4.  sum1 = 0
♯5.  while True:
♯6.      n = _____        ♯生成一个1~100的随机数
♯7.      if n not in s:
♯8.          _____
♯9.          sum1 += 1           ♯成功生成一个不重复随机数,sum加1
♯10.     if(sum1 == int(num)):
♯11.         _____
♯12. sorted(s)
♯13. print(s)
```

七、集合的所有子集

1. 实验要求

求一个集合的所有子集。子集,即对于集合S和T,S中的任何一个元素,都能在T中找到,那么称S是T的子集。例如,集合{1,2,3}的所有子集为{}、{1}、{2}、{3}、{1,2}、{1,3}、{2,3}、{1,2,3},共8个子集。编写并输入代码,保存到程序文件Ex6-7.py中,运行程序并观察结果。

2. 算法分析

假设有集合 S={1,2,3},那么它的子集是{1}、{2}、{3}、{1,2}、{1,3}、{2,3}、{1,2,3}、{ }。

很容易推导出,对于一个有 N 个元素的集合,那么它子集的个数是 2^N 个。对于一个元素,要么在它的集合中,要么不在集合中,可以利用 1 和 0 来表示在不在集合中。

比如上面的集合 S,所有的子集可表示如下。

{}　　　--> 　000＝0　000 是二进制,表示原集合中三个元素都不在。

{1}　　--> 　100＝4　100 表示原集合中第一个元素在,第二、三个元素不在,下同。

{2}　　--> 　010＝2

{3}　　--> 　001＝1

{1,2}　--> 　110＝6

{1,3}　--> 　101＝5

{2,3}　--> 　011＝3

{1,2,3}--> 　111＝7。

通过以上分析可以得出,通过位运算来解决该问题,其流程图如图 6-1 所示。

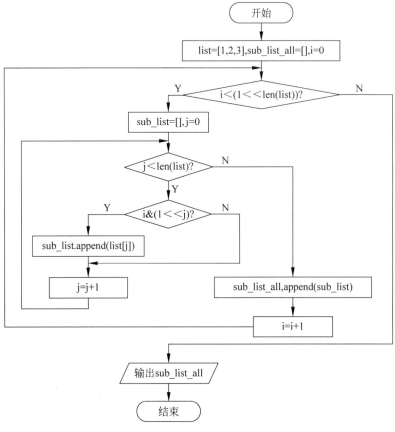

图 6-1　子集合求解

3. 完善程序

```
#1. list1 = [1,2,3]      #先将集合元素存放在列表中,方便操作,最后再转换成集合输出
#2. sub_list_all = []    # 用于存放集合所有的子集
#3. for i in range(_____):     # 循环遍历 0～2 ** n 的每个数
#4.     sub_list = []    # 用于存放每个单独的循环中取出的子集
#5.     for j in range(len(list1)):
#6.         if i & (1 << j):    # 每一个数用 & 操作判断该位上是否有 1
#7.             sub_list.append(_____)   # 有的话保存起来
#8.     sub_list_all.append(_____)
#9. print("集合为: ",set(list1))    #输出原集合
#10.print("子集有",2 ** len(list1),"个,分别为: ")
#11.sub_list_all.sort(key = len)    #将列表按元素的长度排序
#12.for item in sub_list_all:        #以集合形式输出所有子集
#13.    if len(item) == 0:
#14.        print('{}')
#15.    else:
#16.        print(set(item))
```

第7章　字符串与正则表达式

7.1　知　识　要　点

7.1.1　字符串

在 Python 中,没有字符常量和字符变量的概念,只有字符串类型的常量和变量,单个字符也是字符串。使用单引号、双引号、三单引号、三双引号作为定界符来表示字符串,并且不同的定界符之间可以互相嵌套。Python 3.x 全面支持中文,中文和英文字母都作为一个字符对待,甚至可以使用中文作为变量名。除了支持使用加号运算符连接字符串以外,Python 字符串还提供了大量的方法支持查找、替换、排版等操作,很多内置函数和标准库对象也都支持对字符串的操作。

1. 字符串编码

默认情况下,Python 字符串采用 UTF-8 编码。创建字符串时,也可以指定其编码方式:

```
str(object = b' ', encoding = 'utf - 8', errors = 'strict')    #按指定编码,根据字节码对象创建 str 对象
```

其中,object 为字节码对象(bytes 或 bytearray);encoding 为编码;errors 为错误控制。该构造函数的结果,等同于 bytes 对象 b 的对象方法:

```
b.decode(encoding, errors)                    #把字节码对象 b 解码为对应编码的字符串
```

对应地,也可以把字符串对象 s 编码为字节码对象:

```
s.encode(encoding = "utf - 8", errors = " strict")           #把字符串对象编码为字节码对象
```

2. 转义字符

转义字符是指在字符串中某些特定的符号前加一个斜线之后,该字符将被解释为另一种含义,不再表示本来的字符。Python 中常用的转义字符如表 7-1 所示。

表 7-1 Python 中常用的转义字符

转义字符	含　　义	转义字符	含　　义
\b	退格,光标移动到前一列	\\	一个斜线\
\f	换页符	\'	单引号'
\n	换行符	\"	双引号"
\r	回车	\ooo	3 位八进制数对应的字符
\t	水平制表符	\xhh	2 位十六进制数对应的字符
\v	垂直制表符	\uhhhh	4 位十六进制数表示的 Unicode 字符

3. 字符串格式化

通过字符串格式化,可以输出特定格式的字符串,Python 字符串格式化包括以下几种方式。

```
(1) 字符串.format(值 1,值 2,…)
(2) str.format(格式字符串 1,值 1,值 2,…)
(3) format(值,格式字符串)
(4) 格式字符串 % (值 1,值 2,…)        # 兼容 Python 2 的格式,不建议使用
```

4. 字符串的方法

在 Python 中,字符串属于不可变有序序列。除了支持序列通用操作(包括双向索引、比较大小、计算长度、元素访问、切片、成员测试等)以外,字符串类型还支持一些特有的用法,如字符串格式化、查找、替换、排版等。但由于字符串属于不可变序列,不能直接对字符串对象进行元素增加、修改与删除等操作,切片操作也只能访问其中的元素而无法使用切片来修改字符串中的字符。另外,字符串对象提供的 replaced( )和 translated( )方法以及大量排版方法也不是对原字符串直接进行修改替换,而是返回一个新字符串作为结果。Python 中字符串常用方法如表 7-2 所示。

表 7-2 Python 字符串常用方法

方　　法	说　　明
s. capitalize( )	返回字符串 s 的副本,并将首字符变为大写
s. center(width,char)	返回以 s 为中间部分的一个字符串。返回字符串长度为 width,并使用空格或可选的 char(长度为 1 的字符串)进行字符补充
s. count(t, start, end)	返回字符串 s 中(或在 s 的 start:end 切片中)子字符串 t 出现的次数
s. encode(encoding, err)	返回一个 bytes 对象,s 使用默认的编码格式或指定的编码格式来表示该字符串,并根据可选的 err 参数处理错误
s. expandtabs(size)	返回 s 的一个副本,其中的制表符使用 8 个或指定数量的空格替换
s find(t,start, end)	返回 t 在 s 中(或在 s 的 start:end 切片中)最左边的位置,如果没有找到,就返回－1;使用 s. rfind( )则可以发现相应的最右边的位置
s. format(…)	返回按照给定参数进行格式化后的字符串副本
s index(t, start,end)	返回 t 在 s 中的最左边的位置(或在 s 的 start:end 切片中),如果没有找到,就产生 ValueError 异常。使用 s. rindex0 可以从右边开始搜索
s. isalnum( )	如果 s 非空,并且其中的每个字符都是字母和数字,就返回 True
s. isalpha( )	如果 s 非空,并且其中的每个字符都是字母,就返回 True

续表

方　　法	说　　明
s. isdecimal()	如果 s 非空,并且其中的每个字符都是 Unicode 的基数为 10 的数字,就返回 True
s. isdigit()	如果 s 非空,并且其中的每个字符都是一个 ASCII 数字,就返回 True
s. isidentifier()	如果 s 非空,并且是一个有效的标识符,就返回 True
s islower()	如果 s 中包含至少一个区分大小写的字符,并且所有这些(区分大小写的)字符都是小写则返回 True,否则返回 False
s isspace()	如果 s 非空,并且其中的每个字符都是空白字符,则返回 True
s. istitle()	如果 s 是一个非空的首字母大写的字符串,则返回 True
s isupper()	如果 s 中包含至少一个区分大小写的字符,并且所有这些(区分大小写的)字符都是大写,则返回 True,否则返回 False
s. join(seq)	返回序列 seq 中每个项连接起来的结果,并以 s 在两项之间分隔
s. ljust(width, char)	返回长度为 widh 的字符串中左对齐的字符串 s 的一个副本,默认用空格补足长度,或使用 char 指定的字符补足长度。使用 s. rjust() 可以右对齐,s. center() 可以中间对齐
s. lower()	将 s 中的字符变为小写
s. maketrans()	创建字符映射的转换表,对于接受两个参数的最简单的调用方式:第一个参数是字符串,表示需要转换的字符;第二个参数也是字符串,表示转换的目标
s. replace(t, u, n)	返回 s 的一个副本,其中每个(或最多 n 个)字符 t 用 u 替换
s. split(t,n)	返回一个字符串列表,要求在字符串 t 处至多分隔 n 次,如果没有给定 n,就分隔尽可能多次,如果 t 没有给定,就在空白处分隔
s. splitlines(f)	返回在行终结符处进行分隔产生的行列表,并剥离行终结符
s. startswith(x,start, end)	如果 s(或 s 的 start:end 切片)以字符串 x 开始(或以元组 x 中的任意字符串开始),就返回 True,否则返回 False。使用 s. endswith() 判断是否以指定字符串结束
s. strip(chars)	返回 s 的一个副本,并将开始处与结尾处的空白字符或指定字符移除,若指定 chars 时,则移出该参数指定的字符。使用 s. lstrip()、s. rstrip() 分别移除左端、右端的空白字符或指定字符
s. swapcase()	返回 s 的副本,并将其中大写字母变为小写、小写字母变为大写
s. title()	返回 s 的副本,并将每个单词的首字母变为大写,其他字母变为小写
s. lower()	返回 s 的小写化版本
s. upper()	返回 s 的大写化版本
s. translate()	与 s. maketrans() 类似
s. zfill(w)	返回 s 的副本,如果比 w 短,就在开始处加 0 使其长度为 w

7.1.2　字节类型

字节类型是由 8 位字节数据组成的系列数据类型,即 $0 \leqslant x < 256$ 的整数系列。Python 内置的字节系列数据类型包括:bytes(不可变对象)、bytearray(可变对象)和 memoryview。

1. bytes 常量

使用字母 b 加单引号或双引号括起来的内容,是 bytes 常量,Python 解释器自动创建

bytes 型对象实例,bytes 常量与字符串定义方式类似。

(1) 单引号(b' ')。包含在单引号中的字符串,其中可以包含双引号。

(2) 双引号(b'' '')。包含在双引号中的字符串,其中可以包含单引号。

(3) 三单引号(b''' ''')。包含在三单引号中的字符串,可以跨行。

(4) 三双引号(b'''''' '''''')。包含在三双引号中的字符串,可以跨行。

注意,引号中只能包含 ASCII 码字符,否则会导致 Syntax Error 错误。

2. 创建 bytes 对象

创建 bytes 类型的对象实例的基本形式为:

bytes()   ♯创建空 bytes 对象

bytes(n)   ♯创建长度为 n(整数)的 bytes 对象,各字节为 0

bytes(iterable)   ♯创建 bytes 对象,使用 iterable 中的字节整数

bytes(object)   ♯创建 bytes 对象,复制 object 字节数据

bytes([source[, encoding[, errors]]])   ♯创建 bytes 对象

如果 iterable 中包含非 $0 \leqslant x < 256$ 的整数,则会导致 ValueError 错误。

3. 创建 bytearray 对象

创建 bytearray 类型的对象实例的基本形式为:

bytearray()   ♯创建空 bytearray 对象

bytearray(n)   ♯创建长度为 n(整数)的 bytearray 对象,各字节为 0

bytearray(iterable)   ♯创建 bytearray 对象,使用 iterable 中的字节整数

bytearray(object)   ♯创建 bytearray 对象,复制 object 字节数据

bytearray([source[,encoding[,errors]]])   ♯创建 bytearray 对象

如果 iterable 中包含非 $0 \leqslant x < 256$ 的整数,则会导致 ValueError 错误。

4. 字节编码和解码

字符串可以通过 str.encode()方法编码为字节码;通过 bytes 和 bytearray 的 decode()方法解码为字符串。

7.1.3　正则表达式

1. 正则表达式语法

正则表达式是字符串处理的有力工具。它使用预定义的模式去匹配一类具有共同特征的字符串,可以快速、准确地完成复杂的查找、替换等处理要求,具有比字符串自身提供的方法更强大的处理功能。

常用的正则表达式写法有以下几种。

(1) 最简单的正则表达式是普通字符串,只能匹配自身。

(2) '[pjh]ython',可以匹配'python'、'jython'、' hython'。

(3) '[a−zA−Z0−9] ',可以匹配一个任意大小写字母或数字。

(4) '[^abcd]',可以匹配除'a'、'b'、'c'、'd'之外的任何字符。

(5) 'hello|hi'或 'h(ello|i)'都可以匹配 'hello'或 'hi'。

(6) '^python',只能匹配所有以 python 开头的字符串。

(7) (pattern)∗,允许模式重复 0 次或多次。

（8）（pattern）＋，允许模式重复 1 次或多次。

（9）（pattern）{m,n}，允许模式重复 m~n 次，注意逗号后面不要有空格。

（10）'(a|b)＊c'，匹配多个（包含 0 个）a 或 b，后面紧跟一个字母 c。

（11）'a|b{1,}'，等价于 ab＋,，匹配以字母 a 开头后面紧跟一个或多个字母 b 的字符串。

（12）'^(\w){6,20}$'，匹配长度为 6~20 的字符串，可以包含字母、数字、下画线。

（13）'^(13[0-2]\d{8})|(15[56]\d{8})|(18[56]\d{8})$'，检查给定字符串是否为联通手机号码。

（14）'^[a-zA-Z]＋$'，检查给定字符串是否只包含英文大小写字母。

（15）'^\d{18}|\d{15}$'，检查给定字符串是否为合法身份证格式。

正则表达式灵活多变，很难一下子全部记住，在了解基本语法的基础上，我们可以记住以上常用的写法，以后在实际应用中不断深入学习。

2. 正则表达式模块 re

Python 标准库 re 提供了正则表达式操作所需的功能，可以直接使用 re 模块中的方法来处理字符串。

模块 re 中常用的方法有 findall()、sub()、split()、match()、escape()、search()、compile()等。

7.2　例题分析与解答

一、选择题

1. 下列关于字符串说法错误的是_____。

A. 字符应该视为长度为 1 的字符串

B. 字符串以\0 标识字符串的结束

C. 既可以用单引号，也可以用双引号创建字符串

D. 在三引号字符串中可以包含换行回车等特殊字符

分析：Python 中，字符串其实是一个固定长度的字符数组，所以不用结束标志了。B 选项的说法是错的，其他三个选项都正确。

答案：B

2. Python 语句 print('\x48\x41! ')的运行结果是_____。

A. x48x41!　　　　B. 4841!　　　　C. 4841　　　　D. HA!

分析：\x 是转义字符，其后跟的两位数表示的是十六进制数，即 48 和 41 是两个十六进制数，由于输出的是字符串，所以输出时要将相应的十六进制数转换为相应的字符输出，选 D 选项。

答案：D

3. Python 语句 print(r"\ nGood")的运行结果是_____。

A. 新行和字符串 Good　　　　　　　B. r"\ nGood

C. \nGood　　　　　　　　　　　　D. 字符 r、新行和字符串 Good

分析：在一个字符串前面加上 r 或 R 表示原始字符串，其中的所有字符都表示原始的含义而不会进行任何的转义，因此输出\nGood，选 C 选项。

答案：C

4. Python 语句 s＝'hello'；print(s[1:3])的运行结果是＿＿＿＿＿＿＿。

A. hel   B. he   C. ell   D. el

分析：字符串可以看作序列，因此也可以进行切片。s[1:3]就是读取字符串 s 中下标从 1 到 3(不包括 3)的字符，所以选 D 选项。

答案：D

5. 正则表达式元字符＿＿＿＿＿＿＿用来表示该符号前面的字符或子模式出现 0 次或多次。

A. ＋   B. ^   C. ＊   D. ｜

分析：正则表达式元字符'＋'表示匹配位于＋之前的字符或子模式的 1 次或多次，'^'表示匹配以^后面的字符或模式开头的字符串，'｜'表示匹配位于｜之前或之后的字符串，'＊'表示匹配位于＊之前的字符或子模式的 0 次或多次出现，所以选 C 选项。

答案：C

6. 在 Python 3.x 中，表达式 len('hello 你好'.encode())的值为＿＿＿＿＿＿＿。

A. 7   B. 9   C. 11   D. 13

分析：在 Python 3.x 中，默认使用 UTF-8 编码格式，以一个字节表示英语字符，以 3 个字节表示汉字，'hello 你好'，该字符串中有 5 个英文字符和两个汉字，其长度为 $5＋2×3＝11$，所以选 C 选项。

答案：C

7. 已知 path＝r'c:\test.html'，那么表达式 len(path[:−4]＋'htm') 的值为＿＿＿＿＿＿＿。

A. 15   B. 14   C. 12   D. 11

分析：字符串前面加'r'表示该字符串为原始字符串，path[:−4]是对字符串 path 切片，从而得到一个新的字符串，从字符串开始位置到下标−4(不包含−4，最后一个字符下标为−1，倒数第二个下标是−2，以此类推)，所以 path[:−4]＝r'c:\test.'，再和'htm'做加法，也就是将两个字符串连接成新的字符串，所以结果是 r'c:\test.htm'，其长度是 11，所以选 D 选项。

答案：D

8. 以下代码执行输出的结果为＿＿＿＿＿＿＿。

```
#1. x = {i:str(i＋3) for i in range(3)}
#2. sum = ''
#3. for item in x.items():
#4.     sum += item[1]
#5. print(sum)
```

A. 345   B. 012   C. 12   D. 3

分析：字典推导式(和列表推导的使用方法是类似的，只不过中括号改成大括号)得到的元素的"键"为 i，"值"为 i＋3 并转换为字符串格式，而 i 的取值为 0、1 和 2，因此 x 的值为 {0：'3'，1：'4'，2：'5'}。在 for 循环中，依次取出字典元素 item，item[1]是该元素的"值"，分别取出的是'3'、'4'、'5'，sum 初始值为空字符串，循环中依次将字典元素的"值"连接成一个新的字符串，即'345'，所以选 A 选项。

答案：A

二、填空题

1. 已知字符串 x='hello world',那么执行语句 x.replace('hello','hi') 之后,x 的值为_____。

分析:字符串 replace()方法用来替换字符串中指定字符或子字符串的所有重复出现,每次只能替换一个字符或子字符串,把指定的字符串参数作为一个整体对待,该方法并不修改原字符串,而是返回一个新字符串,所以,x 的值没有变,依然是'hello world'。

答案:'hello world'

2. 表达式 r'c:\windows\notepad.exe'.endswith('.exe') 的值为_____。

分析:字符串 endswith()方法用来判断字符串是否以指定字符串结束,很明显题目中的字符串是以'.exe'结束的,所以结果为 True。

答案:True

3. 表达式 'ac' in 'abce' 的值为_____。

分析:成员测试运算符 in 用来判断一个字符串是否出现在另一个字符串中,子串是个整体,结果是 bool 型,'abce'中没有整体是'ac'的子串,该题的答案是 False。

答案:False

4. 已知 x='a b c d',那么表达式 ','.join(x.split()) 的值为_____。

分析:字符串对象的 split()方法用来以指定字符为分隔符,从字符串左端开始将其分隔成多个字符串,并返回包含分隔结果的列表,如果没有指定分隔符,将默认使用空白符作为分隔符,且连续的空白符被视作一个分隔符对待。字符串对象的 join()方法用来将列表中多个字符串进行连接,并在相邻两个字符串之间插入指定字符,返回新字符串。所以,该题的答案是'a,b,c,d'。

答案:'a,b,c,d'

5. 已知 x='123'和 y='456',那么表达式 x+y 的值为_____。

分析:+运算符除了用于算术加法以外,还可用于列表、元组、字符串的连接。所以,该题的字符串加法实际上将两个字符串连接起来,答案是'123456'。

答案:'123456'

6. 表达式 'abcabcabc'.rindex('abc') 的值为_____。

分析:字符串对象的 rindex()方法用来返回一个字符串在另一个字符串指定范围中最后一次出现的位置,如果不存在则抛出异常。'abcabcabc'中最后一次出现'abc'的下标位置是 6,所以答案是 6。

答案:6

7. 表达式 'abcabcabc'.count('abc') 的值为_____。

分析:字符串对象的 count()方法用来返回一个字符串在另一个字符串中出现的次数,如果不存在则返回 0,所以答案是 3。

答案:3

8. 表达式 'abcab'.strip('ab') 的值为_____。

分析:字符串对象的 strip()方法删除字符串两端连续的空白字符或指定字符,该题中,指定的字符是'a'和'b',所以答案是'c'。

答案:'c'

9. 表达式 'abcab'.lstrip('ab') 的值为_____。

分析：字符串对象的 lstrip() 方法删除字符串左端连续的空白字符或指定字符，该题中指定的字符是 'a' 和 'b'，所以答案是 'cab'。

答案：'cab'

10. 表达式 'apple.peach,banana,pear'.find('ppp') 的值为_____。

分析：字符串对象的 find() 方法用来查找一个字符串在另一个字符串指定范围（默认的范围是整个字符串）中首次出现的位置，如果不存在则返回−1。该题中，'ppp' 并没有在 'apple.peach,banana,pear' 中出现，所以表达式的值是−1。

答案：−1

7.3 测 试 题

一、选择题

1. 已知 x＝'abcdefg'，则表达式 x[3:]＋x[:3]的值为_____。

A. 'defgabc'　　　　B. 'cdefgab'　　　　C. 'abcdefg'　　　　D. 'cdefgabc'

2. 已知 x＝'abcd'和 y＝'acade'，则表达式[i＝＝j for i,j in zip(x,y)]的值为_____。

A. [True, True, True, True]　　　　　　B. [False, False ,False, False]

C. [True, False, False, True]　　　　　D. [True, False, False, True, False]

3. 表达式 min(['121', '22', '33']) 的值为_____。

A. 121　　　　　　B. '121'　　　　　　C. 22　　　　　　D. '22'

4. 表达式 'aaasdf'.rstrip('af') 的值为_____。

A. 'sd'　　　　　　B. 'sdf'　　　　　　C. 'aaasdf'　　　　D. 'aaasd'

5. 表达式 'aaasdf'.strip('af') 的值为_____。

A. 'sdf'　　　　　　B. 'aaasd'　　　　　C. 'sd'　　　　　　D. 'aaasdf'

6. 正则表达式元字符_____用来表示该符号前面的字符或子模式出现 1 次或多次。

A. ＋　　　　　　　B. ^　　　　　　　　C. ＊　　　　　　　D. |

7. 已知 x＝'a234b123c'，且 re 模块已导入，则表达式 re.split('\d＋', x)的值为_____。

A. ['a', 'b', 'c']　　　　　　　　　　B. 'abc'

C. 'a', 'b', 'c'　　　　　　　　　　　D. ['a', '234b', '123c']

8. 下列关于正则表达式叙述错误的是_____。

A. 正则表达式元字符"^"一般用来表示从字符串开始处进行匹配，用在一对方括号中的时候则表示反向匹配，不匹配方括号中的字符

B. 正则表达式元字符"\s"用来匹配任意空白字符

C. 正则表达式 'python|perl'或 'p(ython|erl)'都可以匹配 'python'或 'perl'

D. 正则表达式'^\d{18}|\d{15}＄'检查给定字符串是否为 18 位或 15 位数字字符，并保证一定是合法的身份证号

9. 以下代码的输出结果是_____。

```
#1. x = 'A\0B\0C'
```

```
#2. print(len(x))
```

A. 5　　　　　　　B. 3　　　　　　　C. 7　　　　　　　D. 6

10. 下列关于 Python 字符编码的描述中,错误的是_____。

A. print(chr(65))输出 A

B. chr(x)和 ord(x)函数用于在单字符和 Unicode 编码值之间进行转换

C. Python 字符编码使用 ASCII 编码

D. print(ord('a'))输出 97

11. 以下关于 Python 字符串的描述中,错误的是_____。

A. 空字符串可以表示为""或''

B. 在 Python 字符串中,可以混合使用正整数和负整数进行索引和切片

C. 字符串'my\\text.dat'中第一个\表示转义符

D. Python 字符串采用[N:M]格式进行切片,获取字符串从索引 N 到 M 的子字符串（包含 N 和 M）

12. 字符串 tstr='television',显示结果为 vi 的选项是_____。

A. print(tstr[-6:6])　　　　　　　B. print(tstr[5:7])

C. print(tstr[4:7])　　　　　　　D. print(tstr[4:-2])

13. s='1234567890',以下表示'1234'的选项是_____。

A. s[-10:-5]　　　B. s[0:3]　　　　C. s[0:4]　　　　D. s[1:5]

14. 以下关于字符串类型的操作的描述,正确的是_____。

A. 想获取字符串 str 的长度,用内置函数 len(str)

B. 设 x='aaa',则执行 x/3 的结果是"a"

C. 想把一个字符串 str 所有的字符都大写,用 upper(str)

D. str. isnumeric()方法把字符串 str 中数字字符变成数字

15. 设 str1='* @python@ * ',语句 print(str1[1:]. strip('@ ')的执行结果是_____。

A. * @python@ *　　　　　　　B. python *

C. python@ *　　　　　　　　D. * python *

16. 执行以下程序,输出结果_____。

```
#1. y='中文'
#2. x='中文字'
#3. print(x>y)
```

A. False　　　　　　B. True　　　　　　C. False or False　　D. None

17. 变量 tstr='kip520',表达式 eval(tstr[3:-1])的结果是_____。

A. 52　　　　　　　B. 520　　　　　　C. p520　　　　　　D. p52

18. 设 str1='python',语句 print(str1. center(10,*))的执行结果是_____。

A. python ****　　　　　　　B. ** python **

C. **** python　　　　　　　D. SyntaxError

19. Python 为源文件指定的默认字符编码是_____。

A. UTF-8　　　B. GB2312　　　C. GBK　　　　D. ASCII

20. 函数 chr(x)的作用是_____。

A. 返回数字 x 作为 Unicode 编码对应的字符

B. 返回字符 x 对应的 Unicode 值

C. 返回数字 x 的十六进制字符串形式

D. 返回字符串 x 中每个字符对应的 Unicode 编码值

21. 以下代码的输出结果是_____。

```
print('{:@>10.6}'.format('Fog'))
```

A. Fog@@@@　　　　　　　　　　　B. @@@@@Fog

C. Fog@@@@@@@　　　　　　　　　D. @@@@@@@Fog

22. 以下代码的输出结果是_____。

```
#1. S = 'Pame'
#2. for i in range(len(S)):
#3.     print(S[－i], end = '')
```

A. ameP　　　　　B. emaP　　　　　C. Pema　　　　　D. Pame

23. 以下代码的输出结果是_____。

```
#1. for s in "HelloWorld":
#2.     if s == "W":
#3.         continue
#4.     print(s, end = "")
```

A. Helloorld　　　B. Hello　　　　C. World　　　　D. HelloWorld

24. 以下程序的输出结果是_____。

```
#1. for i in 'Nation':
#2.     for k in range(2):
#3.         if i == 'n':
#4.             break
#5.         print(i, end = '')
```

A. aattiioo　　　　B. NNaattiioo　　　C. Naattiioon　　　D. aattoooonn

25. 以下程序的输出结果是_____。

```
#1. x = 4
#2. ca = '123456'
#3. if str(x) in ca:
#4.     print(ca.replace(ca[x], str(x－2)))
```

A. 5　　　　　　　B. 123456　　　　C. 123426　　　　D. 2

二、填空题

1. 当在字符串前加上小写字母　　【1】　　或大写字母　　【2】　　时表示原始字符串,不对其中的任何字符进行转义。

2. 已知字符串编码格式 utf8 使用 3 个字节表示一个汉字、1 个字节表示英文字母,那么表达式 len('hi 我是中国人'.encode())的值为_____。

3. 表达式 ':'. join('abcdefg'. split('cd')) 的值为_____。

4. 表达式 'test. py'. endswith(('. py', '. pyw')) 的值为_____。

5. 表达式 'apple. peach,banana,pear'. find('p') 的值为_____。

6. 表达式 'abcdefg'. split('d') 的值为_____。

7. 表达式 'abcab'. replace('a', 'yy') 的值为_____。

8. 表达式 'abc10'. isdigit() 的值为_____。

9. 表达式 'abc10'. isalpha() 的值为_____。

10. 表达式 'aaasdf'. strip('af') 的值为_____。

11. 表达式 'a'. join('abc'. partition('a')) 的值为_____。

12. 表达式 'a' + 'b' 的值为_____。

13. 表达式 len('aaaassddf'. strip('afds')) 的值为_____。

14. 表达式 'hello world, hellow every one'. replace('hello', 'hi') 的值为_____。

15. 表达式 r'c:\windows\notepad. exe'. endswith(('. jpg', '. exe')) 的值为_____。

16. 表达式 'abcabcabc'. count('abc') 的值为_____。

17. 表达式 'abcabcabc'. rindex('abc') 的值为_____。

18. 表达式 'Hello world!'[-4:] 的值为_____。

19. 正则表达式模块 re 的_____方法用来在整个字符串中进行指定模式的匹配。

20. 在设计正则表达式时,字符_____紧随任何其他限定符(∗、+、?、{n}、{n,}、{n,m})之后时,匹配模式是"非贪心的",匹配搜索到的尽可能短的字符串。

21. 假设正则表达式模块 re 已正确导入,那么表达式 ''. join(re. findall('\d+', 'abcd1234'))的值为_____。

三、编程题

1. 编写程序,统计输入的字符串中单词的个数,单词之间只用空格分隔。例如,输入字符串"Python is very interesting. ",其中的单词总数有 4 个。

2. 编写程序,输入字符串,为其每个字符的 ASCII 码形成列表并输出。例如,输入字符串"Python",输出列表[80,121,116,104,111,110]。

3. 编写程序,将一个人的名字从"名 中间名. 姓"的格式顺序转变为"姓,名 中间名"的格式,例如' James F. Cooper',转换后的结果为'Cooper, James F'。

4. 编写程序,判断一个字符串是不是回文字符串。所谓回文字符串是指正序和逆序相同的字符串,例如,字符串"hiih"即为回文字符串。

5. 编写程序,输入一串英文字符串(带空格和标点符号),将其中的空格和标点符号去除,再判断该字符串是不是回文字符串。

6. 编写程序,输入一个字符串,统计其中大写字母、小写字母、数字及其他字符的个数。

7. 编写程序,输入一个字符串,将字符串中下标为偶数位置上的字母转换为大写字母。

8. 编写程序,输入一段文本,统计其中有多少个不同的单词,并按照单词出现的频率降序输出。

7.4 实 验 案 例

一、字母纠错

1. 实验要求

假设有一段英文,其中有单独的字母"H"误写为"h",请编写程序进行纠正。将一段英文字符串中的"h"全部改为"H",要求至少用两种方法实现。编写并输入代码,保存到程序文件 Ex7-1-1.py 和 Ex7-1-2.py 中,运行程序并观察结果。

2. 算法分析

(1) 可以使用字符串对象的 replace 方法直接将"h"替换为"H"。

(2) 可以使用正则表达式实现替换。

3. 完善程序

方法一:使用字符串对象的 replace 方法。代码保存到程序文件 Ex7-1-1.py 中。

```
#1.  s = "hello, WangBing , how Are You? hello, Suhai, I'm Fine."
#2.  s = _____
#3.  print(s)
```

方法二:使用正则表达式。代码保存到程序文件 Ex7-1-2.py 中。

```
#1.  import re
#2.  s = "hello, WangBing , how Are You? hello, Suhai, I'm Fine."
#3.  result = _____
#4.  print(result)
```

二、单词统计

1. 实验要求

用户输入一段英文,然后输出这段英文中所有长度为 3 个字母的单词。输入一段英文文本,例如,文本内容为"hello,How Are You?",程序输出为"['How', 'Are', 'You']"。编写并输入代码,保存到程序文件 Ex7-2.py 中,运行程序并观察结果。

2. 算法分析

使用正则表达式解决。

3. 完善程序

```
#1.  import re
#2.  s = input('Please input a string:')
#3.  pattern = re.compile(_____)
#4.  print(pattern.findall(s))
```

三、字符串转换为字典

1. 实验要求

将给定格式的字符串处理成 Python 字典。给定一段字符串,例如,"k1:1|k2:2|k3:3|k4:4"处理后的字典为{'k':'1', 'k1':'2', 'k2':'3', 'k3':'4' }。编写并输入代码,保存到程序文件 Ex7-3.py 中,运行程序并观察结果。

2. 算法分析

首先将字符串使用"|"进行分割,分割后的字符串放进 str_list 列表中,再将该列表中的元素以":"进行分割,最后将分割结构放进字典中。

3. 完善程序

```
#1. str1 = "k1:1|k2:2|k3:3|k4:4"
#2. str_list = _____        #以'|'将 str1 分割
#3. d = {}
#4. for s in str_list:            #将 str_list 中元素以':'分割
#5.       _____ = s.split(':')
#6.       d[key] = value
#7. print(d)
```

四、字符串反转

1. 实验要求

编写程序,实现字符串反转。例如,str = "hello",输出'olleh'。编写并输入代码,保存到程序文件 Ex7-4-1.py 和 Ex7-4-2.py 中,运行程序并观察结果。

2. 算法分析

(1) 可以对字符串使用切片操作实现反转。

(2) 可以将字符串转换为列表,再使用列表的 reverse()方法实现。

3. 完善程序

方法一:字符串切片。代码保存到程序文件 Ex7-4-1.py 中。

```
#1. str = input('please inout a string:')
#2. str = _____
#3. print(str)
```

方法二:使用列表的 reverse()方法。代码保存到程序文件 Ex7-4-2.py 中。

```
#1. str = input('please input a string:')
#2. L = _____
#3. L.reverse()
#4. print(L)
```

五、随机生成密码

1. 实验要求

输入一个正整数 n,随机生成 n 位的密码,例如,输入 8,生成 8 位随机密码 xvOjbFJv。编写并输入代码,保存到程序文件 Ex7-5.py 中,运行程序并观察结果。

2. 算法分析

首先生成密码所用的字符集,然后在字符集中进行 n 次随机抽取字符组成一个 n 位长度的密码字符串。

3. 实现代码

```
#1. import string
#2. import random
#3. n = int(input('Please input a number: '))
#4. #获取大小写字符和阿拉伯数字组成的字符集
```

```
#5. characters = string.ascii_letters + string.digits
#6. pwd = ''
#7. for i in range(n):
#8.     #每次在charcters中随机抽取一个字符,连接在一起
#9.         pwd = pwd + _____
#10.print(pwd)
```

4. 调试程序

保存文件为 Ex7-5.py,运行程序,程序输出结果如下。

```
Please input a number: 8
vwud59PE
Please input a number: 10
pD6zaHPdau
```

六、判断 IP 地址是否合法

1. 实验要求

IPv4 中 IP 地址用一个 32 位无符号整数来表示,一般用点分方式来显示,点将 IP 地址分成 4 个部分,每个部分为 8 位,表示成一个无符号整数(范围为 0~255),如 192.168.10.160 是一个合法的 IP 地址。编写程序,判断输入的 IP 地址是否合法。编写并输入代码,保存到程序文件 Ex7-6.py 中,运行程序并观察结果。

2. 算法分析

将用户输入的 IP 地址用符号"."进行分隔,分隔后放在列表中,再判断列表元素个数是否为 4,如果不是 4 个,则不是合法的 IP 地址。如果是 4 个元素,则判断所有的元素值是否介于 0~255,是则为合法的 IP 地址,否则不是合法的 IP 地址。

3. 完善程序

```
#1.  ip = input("请输入 IP 地址:")
#2.  IP = ip.split(".")
#3.  flag = 0
#4.  if len(IP)!= 4:          #不是 4 个数字构成的 IP 地址非法
#5.      flag = 1
#6.  else:
#7.      for i in IP:
#8.          if _____    #不在 0~255 的为非法 IP
#9.              flag = 1
#10.             break
#11. if _____
#12.     print("非法 IP")
#13. else:
#14.     print("合法 IP")
```

七、字符组合统计

1. 实验要求

在小写字符集 'abcdefghijklmnopqrstuvwxyz' 中随机抽取两个字母组成字符串,共挑选一百次,输出所有不同的字符串及其重复次数,并按字符串升序输出。编写并输入代码,保存到程序文件 Ex7-7.py 中,运行程序并观察结果。

2. 算法分析

应用 random. sample()方法从字符集中随机抽取两个字符,组合成字符串,并以此字符串作为 key 存入字典中,循环抽取 100 次,判断每次抽取的字符组合有没有在字典的 key 中出现,出现的则将该 key 对应的 value 加 1 即可。

3. 完善程序

```
#1.  import random
#2.  s = 'abcdefghijklmnopqrstuvwxyz'
#3.  d = {}
#4.  for i in range(100):
#5.      ins = ''.join(random.sample(s,2))    #从 s 中随机抽取两个字符
#6.      d[ins] = _____
#7.  for j in sorted(_____):           #字符串(字典的 key)要升序排序
#8.      print(j,end = '')
#9.      print('重复出现{}次!'.format(d[j]))
```

八、单词去重

1. 实验要求

有一段英文文本,其中有单词连续重复了两次,编写程序将重复的单词去掉。给定一段英文文本,例如,文本内容为"I am am a teacher.",程序输出为"I am a teacher."。编写并输入代码,保存到程序文件 Ex7-8-1. py 和 Ex7-8-2. py 中,运行程序并观察结果。

2. 算法分析

使用正则表达式解决。

3. 实现代码

方法一:

```
#1.  import re                  # 代码保存到程序文件 Ex7-8-1.py 中
#2.  s = 'I am am a teacher.'
#3.  pattern = re.compile(r'\b(\w + )(\s + \1){1,}\b')
#4.  matchResult = pattern.search(s)
#5.  x = pattern.sub(matchResult.group(1),s)
#6.  print(x)
```

方法二:

```
#1.  import re                  # 代码保存到程序文件 Ex7-8-2.py 中
#2.  s = 'I am am a teacher.'
#3.  pattern = re.compile(r'(?P < f >\b\w + \b)\s(?P = f)')
#4.  matchResult = pattern.search(s)
#5.  x = s.replace(matchResult.group(0),matchResult.group(1))
#6.  print(x)
```

第8章 函数与模块

8.1 知识要点

8.1.1 函数的定义与调用

1. 函数的定义

Python 函数的定义包括对函数名、函数的参数与函数功能的描述。一般格式如下。

```
def 函数名([形式参数表]):
    函数语句
    [return 返回值]
    函数语句
    ...
```

2. 函数的调用

函数的调用就是函数的使用,必须在函数定义之后。一般格式如下。

```
函数名(实际参数表)
```

8.1.2 函数的参数传递

函数的参数类型包括位置参数、关键字参数、默认值参数和可变长度参数。

(1) 位置参数:这是最常见的参数,也是无默认值的参数,要求调用时实际参数的数量和顺序与形式参数的数量和顺序保持一致,从左到右一一对应。

(2) 关键字参数:出现在函数调用中,将括号内的参数用"形式参数名=实际参数值"的形式将数据传递给某个参数,可以不必按照定义函数时的参数顺序来传递参数。

(3) 默认值参数:在定义函数时用"形式参数名=默认值"的形式为参数指定默认值,允许在调用时不提供该参数值,此时该参数取默认值。默认值参数必须出现在参数表的最右边。

（4）可变长度参数：元组（非关键字参数）和字典（关键字参数）都可用作可变长度参数，元组作可变长度参数时在参数名前加∗，字典作可变长度参数时在参数名前加∗∗。

Python定义函数时，可以同时使用无默认值参数、有默认值参数、元组可变长度参数和字典可变长度参数，它们的顺序必须是：无默认值参数、有默认值参数、元组可变长度参数和字典可变长度参数，四种参数的位置不可调换。

8.1.3　两类特殊函数

Python中有两类特殊函数：lambda函数和递归函数。

1. lambda函数

lambda函数是一种表达式函数，用单行表达式来定义一个简单函数。一般格式如下。

```
lambda [参数1 [,参数2,…,参数n]]: 表达式
```

因为lambda函数不用指定函数名，因此又称为匿名函数。

调用匿名函数时通常使用"变量名＝lambda表达式"形式，此时该变量名就成为函数名。

2. 递归函数

递归函数是指在一个函数的函数体中直接或间接调用该函数。如果在函数A中又调用了函数A，称为直接递归。如果在函数A中调用了函数B，而函数B中又调用了函数A，则称为间接递归。

编写递归函数必须满足两点：①子问题与原始问题有相同的处理方式；②有明确的递归结束条件。

8.1.4　变量的作用域

变量的作用域是指程序中能对变量进行访问的范围。作用域由定义变量时的位置决定。根据作用域的不同，变量分为局部变量、全局变量，以及nonlocal变量。

1. 局部变量

在函数体或语句块内部定义的变量称为局部变量。局部变量只能在定义它的函数体或语句块内使用，在其他地方无法使用。

2. 全局变量

定义在函数体外的变量，以及在函数体中使用global声明的变量称为全局变量，可以被多个函数引用。

3. nonlocal变量

Python中的函数可以嵌套定义，对于定义在外层函数中的变量，既可以在外层函数中使用，也可以在内层函数中使用。对于内层函数而言，外层函数中的变量既非全局变量，又非局部变量，而是nonlocal变量，使用前必须在内层函数中用nonlocal来声明。

8.1.5　模　块

模块是一个包含变量、函数或类定义的Python代码文件，文件名为"模块名.py"。大型系统往往由多个模块构成。模块分为标准库模块和用户自定义模块。

（1）标准库模块：是 Python 自带的函数模块，提供了很多常见功能，包括数学运算、字符串处理、操作系统功能、图形绘制、图形用户界面创建等。用户在安装了标准 Python 系统的情况下，可以通过导入命令使用这些模块。

（2）用户自定义模块：用户需要事先建立一个 Python 程序文件，然后通过导入该模块来读取模块的内容。

导入模块可使用 import 或 from 语句，基本格式如下。

```
import 模块名 [as 别名]
from 模块名 import 对象名 [as 别名]
from 模块名 import *
```

8.2　例题分析与解答

一、选择题

1. 执行以下语句后显示的结果是_____。

```
#1. from math import sqrt
#2. print (sqrt(3) * sqrt(3) == 3)
```

A. 3
B. True
C. False
D. sqrt(3) * sqrt(3)==3

分析：sqrt(3)是求 3 的平方根，将得到一个实数，由于实数的表示存在误差，所以 sqrt(3) * sqrt(3)不等于 3，故选择 C 选项。

答案：C

2. 有定义 def power(x,n=2)，则下列调用不正确的是_____。

A. power(8)
B. power(8,2)
C. power(8,4)
D. power

分析：power 函数有两个参数，其中第二个参数是默认参数，可以省略，当省略时，将自动选择默认值 2，而第一个参数是必选参数，不能省略。所以选 D 选项。

答案：D

3. 以下说法不正确的是_____。

A. 函数可以减少代码重复，使得程序更加模块化

B. 在不同函数中可以使用相同名字的变量

C. 主调函数内的局部变量，在被调用函数内不赋值也可以直接读取

D. 函数体中没有 return 语句，也会返回一个 None 值

分析：模块化划分的时候，经常采用不同的函数来表示不同的模块；在不同的作用域内可以使用同名的变量；局部变量只能在其作用域内使用，不能在其他地方使用；没有 return 语句或 return 后不带表达式，返回的是 None。所以选 C 选项。

答案：C

4. Python 的函数一般不能_____。

A. 嵌套调用
B. 嵌套定义

C. 自己调用自己　　　　　　　　　　D. 先调用函数,后定义函数

分析:在 Python 中定义函数时可以嵌套定义,也就是在定义一个函数时又内嵌定义了另一个函数;同样地,Python 也允许嵌套调用函数,也就是在一个函数中调用另一个函数,甚至调用自己,这种自己调用自己的方式称为递归调用;Python 函数必须先定义后调用。所以选 D 选项。

答案:D

5. 下列有关函数的说法正确的是_____。

A. 函数的定义必须在程序的开头

B. 函数定义后,其中的程序就可以自动执行

C. 函数定义后需要调用才会执行

D. 函数体与关键字 def 左对齐

分析:函数要求先定义后使用,但是不要求必须在程序的开头;在函数定义好以后,不会自动执行,必须通过调用才会执行;函数体要求对关键字 def 缩进。所以选 C 选项。

答案:C

6. 在 Python 中,对于函数中 return 语句的理解,错误的是_____。

A. 一定要有 return 语句

B. 可以有多条 return 语句,但只执行一条

C. return 可以带返回值

D. return 可以不带返回值

分析:函数中既可以出现 return 语句,也可以没有 return 语句;return 语句可以在一个函数中出现多次,但是一旦执行了 return 语句即退出该函数,不会再执行函数中的其他 return 语句;return 语句既可以带返回值,也可以不带返回值,仅表示从函数中退出。所以选 A 选项。

答案:A

7. 下列函数调用的参数传递方式是_____。

sigma = sum(a,b,c,d)

A. 位置绑定　　　　　　　　　　B. 关键字绑定

C. 变量类型绑定　　　　　　　　D. 变量名称绑定

分析:调用函数时的参数类型有位置绑定参数、关键字参数、默认值参数和可变长度参数,不存在变量类型绑定和变量名称绑定的参数,关键字绑定的形式是"形参名=实参值",所以选 A 选项。

答案:A

8. 如果函数定义为 def fun(user):,则下面对该函数的调用不合法的是_____。

A. fun("Holly")　　　　　　　　B. fun('Holly')

C. fun()　　　　　　　　　　　　D. fun(user='Holly')

分析:上面的函数定义形式属于位置绑定参数,要求形参和实参的个数一致,所以选 C 选项。

答案:C

9. 下列程序关于全局变量 a 的使用不正确的是_____。

A.　#1.　a＝8

　　#2.　def f()：

　　#3.　　　a＝4

　　#4.　　　print(a,end＝"")

　　#5.　　　a＝a＊10

　　#6.　　　print(a,end＝"")

　　#7.　f()

　　#8.　print(a)

B.　#1.　a＝8

　　#2.　def f()：

　　#3.　　　global a

　　#4.　　　a＝4

　　#5.　　　print(a,end＝"")

　　#6.　　　a＝a＊10

　　#7.　　　print(a,end＝"")

　　#8.　f()

　　#9.　print(a)

C.　#1.　a＝8

　　#2.　def f()：

　　#3.　　　print(a,end＝"")

　　#4.　f()

　　#5.　print(a)

D.　#1.　a＝8

　　#2.　def f()：

　　#3.　　　print(a,end＝"")

　　#4.　　　a＝a＊10

　　#5.　　　print(a,end＝"")

　　#6.　f()

　　#7.　print(a)

分析：A 选项中有两个同名的变量,第 1 行中的 a 是全局变量,第 3 行中的 a 是局部变量；B 选项中只在第 1 行定义了一个全局变量,在第 3 行声明的是全局变量,也就是第 1 行定义的变量,当全局变量在函数体中被改变值时,需要用 global 来声明,否则就可以直接使用；如 C 选项中就是直接在 f() 中输出了全局变量 a；D 选项中的第 4 行在函数体中改变了 a 的值,但是没有用 global 说明,所以选 D 选项。

答案：D

10. 已知 f＝lambda x,y：x＋y,则 f([4],[1,2,3]) 的值是_____。

A. [1,2,3,4]　　　　B. 10　　　　　C. [4,1,2,3]　　　　D. {1,2,3,4}

分析：该 lambda 函数有两个形参 x 和 y,返回值是 x＋y,调用时实参分别对应列表[4]和[1,2,3]。列表相加表示列表的连接,所以选 C 选项。

答案：C

11. 下列程序的运行结果是_____。

```
#1. f = [lambda x = 1:x * 2,lambda x:x * * 2]
#2. print(f[1](f[0](3)))
```

A. 1　　　　　　B. 6　　　　　　C. 9　　　　　　D. 36

分析：f 是一个有两个元素的列表,其中,f[0]是匿名函数 lambda x＝1：x＊2,f[1]是 lambda x：x＊＊2,在第 2 行中的输出项是列表 f 的第 2 个元素,即 f[1],这是一个匿名函数,函数需要有参数,此处的实参为 f[0](3),即列表 f 的第一个元素,这也是一个匿名函数,参数的默认值为 1,不过此处实参是 3,函数 f[0]的计算结果是 3＊2,即 6。将 6 作为 f[1]的实参,得到结果 6＊＊2,也就是 36,所以选 D 选项。

答案：D

12. Python 语句 print(type(lambda:None))的输出结果是_____。

A. < class 'NoneType'>　　　　　　　B. < class 'tuple'>

C. < class 'type'>　　　　　　　　　D. < class 'function'>

分析：lambda:None 是匿名函数,没有参数,返回值为 None。所以选 D 选项。

答案：D

13. 下列程序的运行结果是_____。

```
#1. def f(x = 2,y = 0):
#2.     return x - y
#3. y = f(y = f(),x = 5)
#4. print(y)
```

A. −3　　　　　　B. 3　　　　　　C. 2　　　　　　D. 5

分析：第 3 行中的 y 是一个函数值,该函数的 y 参数是 f 的默认值用法,实参分别取 2 和 0,计算结果是 2,也就是 y＝2,另一个参数 x＝5,返回值是 x−y,所以选 B 选项。

答案：B

14. 以下程序的输出结果是_____。

```
#1. def hub(ss, x = 2.0,y = 4.0):
#2.     ss += x * y
#3. ss = 10
#4. print(ss, hub(ss, 3))
```

A. 22.0 None　　　B. 10 None　　　C. 22 None　　　D. 10.0 22.0

分析：函数 hub 有 3 个参数,其中第 1 个参数 ss 与实参 10 结合,第 2 个参数 x 与实参 3 结合,第 3 个参数 y 取默认值 4.0,根据第 2 行代码,计算得到 ss＝10＋3 * 4.0,也就是 22.0,但是在函数中没有返回值,所以得到 None。由于在 Python 中是按值传递参数的,所以形参和实参是两个不同的变量,在函数中改变形参,不会影响到实参,所以选 B 选项。

答案：B

15. output.py 和 test.py 的文件内容如下,且两个文件位于同一文件夹中,则运行 test.py 的输出结果是_____。

```
#1. #output.py
#2. def show():
#3.     print(__ name __)
#4. #test.py
#5. import output
#6. if __ name __ == '__ main __':
#7.     output.show()
```

A. output　　　　B. __ name __　　　　C. test　　　　D. __ main __

分析：运行 test.py 时,导入了 output.py 模块,__ name __ 是一个全局变量,在模块内部用来标识模块名称。如果模块是被其他模块导入的,__ name __ 的值是模块名称,主动执行时它的值是字符串"__ main __"。在执行 test 模块时,__ name __ 变量的值是"__ main __",程序将执行 output 模块中的 show()函数,该函数的内容是打印 __ name __ 的值,此时该值是模块名,所以选 A 选项。

答案：A

16. 函数定义如下,用 func(1,2,3,4,5,m＝6)调用,输出结果是_____。

```
#1. def func(x,y,z = 1, * par, * * parameter):
#2.     print(x,y,z)
#3.     print(par)
#4.     print(parameter)
```

A. 1 2 1   B. 1 2 3   C. 1 2 3   D. 1 2 1
(3,4,5)   (4,5)   (4,5)   (4,5)
('m',6)   {'m':6}   (6)   (m=6)

分析：func 函数的第 1、2 个参数是位置参数,传入参数时按照位置结合,因此 x＝1,
y＝2;第 3 个参数是有默认值的参数,如果没有参数给它,则采用默认值,如果给了实参,则
取给定的实参,因此 z＝3;第 4 个参数是以元组作为不定长参数,传入时将多个实参放入元
组参数中;第 5 个参数是以字典作为不定长参数,传入参数时要求以"形参＝实参"的形式
传入多个参数放入字典中,其中,"形参"作为"键","实参"作为"值"。因此 par 将得到元组
(4,5),parameter 得到字典{'m':6},所以选 B 选项。

答案：B

17. 以下程序的输出结果是_____。

```
#1. def fun1():
#2.     print("in fun1()")
#3.     fun2()
#4. fun1()
#5. def fun2():
#6.     print("in fun2()")
#7.     fun1()
#8. fun2()
```

A. in fun1()   B. in fun1()   C. 死循环   D. 出错
   in fun2()

分析：fun1 函数中需要调用 fun2 函数,然而在调用 fun2 时又需要调用 fun1,这是一种
间接的递归调用。递归调用有一个前提,就是必须有递归结束条件,本题中两个函数都没有
递归结束条件,将会无条件一直执行下去,直至超出递归的栈空间。所以选 D 选项。

答案：D

18. 以下关于函数的描述中,正确的是_____。

A. 函数的全局变量是列表类型的时候,函数内部不可以直接引用该全局变量

B. 如果函数内部定义了与外部的全局变量同名的组合数据类型的变量,则函数内部引
   用的变量不确定

C. Python 的函数里引用一个组合数据类型变量,就会创建一个该类型对象

D. 函数的简单数据类型全局变量在函数内部使用的时候,需要再显式声明为全局变量

分析：函数中可以引用任意类型的变量,包括全局的列表变量;函数内部定义的局部
变量跟外部的全局变量同名时,优先使用内部的局部变量;引用组合数据类型变量,不会创
建新变量,只是引用已创建好的变量对象;在函数内部使用全局变量时,需要使用 global 关

键字来声明。所以选 D 选项。

答案：D

二、填空题

1. 函数首部以关键字_____开始,最后以_____结束。

分析：函数的一般形式为：

```
def 函数名([形式参数表]):
        函数体
```

答案：def,:

2. 执行下列程序后,运行结果是_____。

```
#1.  def func1():
#2.      x = 200
#3.      def func2():
#4.          print(x)
#5.      func2()
#6.  x = 100
#7.  func1()
#8.  print(x)
```

分析：第 6 行的代码设置了一个全局变量 x,值为 100。函数 func1 中设置了另一个同名的局部变量 x,值为 200,只能在 func1 中有效。内嵌函数 func2 从属于 func1,也可使用 func1 中的 x。当第 7 行代码调用 func1 时,会调用 func2,此时打印 func1 中的局部变量 x,也就是 200。第 8 行代码打印的是全局变量,即 100。

答案：200

      100

3. 执行下列程序后,运行结果是_____。

```
#1.  counter = 1
#2.  num = 0
#3.  def TestVar():
#4.      global counter
#5.      for i in (1,2,3):counter += 1
#6.      num = 10
#7.  TestVar()
#8.  print(counter,num)
```

分析：第 1、2 行的代码分别设置了全局变量 counter 和 num。在函数 TestVar 中,第 4 行代码说明 counter 是全部变量,也就是第 1 行设置的变量 counter,在第 5 行中循环执行了 3 次 counter＋1,因此得到 4。第 6 行代码使用的 num 是一个局部变量,而非第 2 行设置的全部变量,该行代码不能改变全局变量 num 的值。第 8 行代码打印的是全局变量 counter 和 num,所以是 4 和 0。

答案：4 0

4. 执行以下代码,运行结果是_____。

```
#1.  def split(s):
#2.      return s.split("a")
```

```
#3. s = "Happy birthday to you!"
#4. print(split(s))
```

分析：本题定义了一个名为 split 的函数，在函数体中又调用了字符串的 split 方法，第 2 行代码说明函数的返回值是将参数字符串用"a"作为分隔符分割成由若干个字符串构成的列表。对于用"a"分隔字符串"Happy birthday to you!"，将得到'H'、'ppy birthd'、'y to you!'，所以是['H', 'ppy birthd', 'y to you!']。

答案：['H', 'ppy birthd', 'y to you!']

8.3 测 试 题

一、选择题

1. 下列选项中不属于函数优点的是_____。

A. 减少代码重复　　　　　　　　B. 使程序模块化

C. 使程序便于阅读　　　　　　　D. 便于发挥程序员的创造力

2. 以下关于函数的描述错误的是_____。

A. 函数是一种功能抽象

B. 使用函数只是为了增加代码复用

C. 函数名可以是任何有效的 Python 标识符

D. 使用函数后，代码的维护难度降低了

3. 下列关于函数的说法中正确的是_____。

A. 函数定义时必须有形参

B. 函数中定义的变量只在该函数体中起作用

C. 函数定义时必须带 return 语句

D. 实参和形参的个数可以不相同，类型可以任意

4. 以下关于函数的说法中正确的是_____。

A. 函数的实际参数和形式参数必须同名

B. 函数的形式参数既可以是变量也可以是常量

C. 函数的实际参数不可以是表达式

D. 函数的实际参数可以是对其他函数的调用

5. 关于函数参数传递中形参与实参的说法错误的是_____。

A. Python 实行按值传递参数。值传递指调用函数时将常量或变量的值(实参)传递给函数的参数(形参)

B. 实参与形参分别存储在各自的内存空间中，是两个不相关的独立变量

C. 在函数内部改变形参的值时，实参的值一般是不会改变的

D. 实参和形参的名字必须相同

6. 在 Python 中，对于函数定义代码的理解，正确的是_____。

A. 必须存在形参

B. 必须存在 return 语句

C. 形参和 return 语句都是可有可无的

D. 形参和 return 语句要么都存在,要么都不存在

7. 如果要为函数预留一个空的内容,可以使用_____。

A. break   B. continue   C. pass   D. nop

8. 如果需要使用不定长参数,参数名前需要使用_____修饰。

A. &   B. $ C. *   D. #

9. 创建匿名函数的关键字是_____。

A. def   B. pass   C. break   D. lambda

10. 在一个函数中若局部变量与全局变量同名,则_____。

A. 局部变量屏蔽全局变量

B. 全局变量屏蔽局部变量

C. 该局部变量和全局变量都不可使用

D. 该局部变量和全局变量在函数中互不干扰,各自发挥作用

11. 下列程序的运行结果是_____。

```
#1. def swap(list):
#2.     temp = list[0]
#3.     list[0] = list[1]
#4.     list[1] = temp
#5. list = [1,2]
#6. swap(list)
#7. print(list)
```

A. [1,2]   B. [2,1]   C. [1,1]   D. [2,2]

12. Python 语句"f＝lambda x,y:x * y;f(12,34)"的运行结果是_____。

A. 12   B. 22   C. 56   D. 408

13. Python 语句"f1＝lambda x:x * 2;f2＝lambda x:x ** 2;print(f1(f2(2)))"的运行结果是_____。

A. 2   B. 4   C. 6   D. 8

14. 下列关于匿名函数的说法中不正确的是_____。

A. lambda 是一个表达式,不是语句

B. 在 lambda 的格式中,"lambda 参数 1, 参数 2, …"是由参数构成的表达式

C. lambda 可以用 def 定义一个命名函数替换

D. 对 mn＝(lambda x,y:x if x＜y else y),则 mn(3,5)可以返回两个数字中的大者

15. Python 中,若 def f1(a,b,c):print(a＋b),则 nums＝(1,2,3);f1(* nums)的运行结果是_____。

A. 语法错误   B. 6   C. 3   D. 1

16. 假设 A 模块中有 Fun 函数,则在执行了语句 from A import Fun 后,要调用 A 中的 Fun 函数,应该使用_____。

A. A(Fun)   B. A.Fun()   C. A()   D. Fun()

17. 通过_____属性可以判断当前环境是主环境还是被导入的。

A. __ item __   B. __ main __   C. __ init __   D. __ name __

18. 以下程序的输出结果是_____。

```
#1. def test( b = 2, a = 4):
#2.     global z
#3.     z += a * b
#4.     return z
#5. z = 10
#6. print(z, test())
```

A. 18 None

B. 10 18

C. UnboundLocalError

D. 18 18

19. 以下程序的输出结果是_____。

```
#1. img1 = [12,34,56,78]
#2. img2 = [1,2,3,4,5]
#3. def displ():
#4.     print(img1)
#5. def modi():
#6.     img1 = img2
#7. modi()
#8. displ()
```

A. ([1,2,3,4,5])

B. [12,34,56,78]

C. ([12,34,56,78])

D. [1,2,3,4,5]

20. 一些重要的程序语言(如 C 语言和 Pascal 语言)允许过程的递归调用。而实现递归调用中的存储分配通常用_____。

A. 栈   B. 堆   C. 链表   D. 数组

21. 下列关于函数的描述中,错误的选项是_____。

A. Python 使用 del 保留字定义一个函数

B. 函数能完成特定的功能,对函数的使用不需要了解函数内部实现原理,只要了解函数的输入输出方式即可

C. 函数是一段具有特定功能的、可重用的语句组

D. 使用函数的主要目的是降低编程难度和代码重用

22. 执行以下代码,运行错误的是_____。

```
def fun(x,y = "Name",z = "No"):pass
```

A. fun(1,2,3)   B. fun(1,,3)   C. fun(1)   D. fun(1,2)

23. 以下代码执行的输出结果是_____。

```
#1. n = 2
#2. def multiply(x,y = 10):
#3.     global n
#4.     return x * y * n
#5. s = multiply(10,2)
#6. print(s)
```

A. 40   B. 1024   C. 200   D. 400

24. 以下程序的输出结果是_____。

```
#1. ls = []
#2. def func(a,b):
#3.     ls.append(b)
#4.     return a * b
#5. s = func("Hello!",2)
#6. print(s,ls)
```

A. 出错
B. Hello! Hello!
C. Hello! Hello! [2]
D. Hello! Hello! []

25. 下列关于函数的描述中,错误的选项是_____。

A. 函数定义是使用函数的第一步
B. 函数被调用后才能执行
C. 函数执行结束后,程序执行流程会自动返回到函数被调用的语句之后
D. Python 程序里一定要有一个主函数

26. 以下关于函数参数和返回值的描述中,正确的是_____。

A. 采用关键字传参的时候,实参的顺序需要和形参的顺序一致
B. 默认值参数传递指的是没有传入对应参数值的时候,就不使用该参数
C. 函数能同时返回多个参数值,需要形成一个列表来返回
D. Python 支持按照位置传参也支持关键字传参,但不支持地址传参

27. 以下代码执行的输出结果是_____。

```
#1. def calu(x = 3, y = 2, z = 10):
#2.     return(x * * y * z)
#3. h = 2
#4. w = 3
#5. print(calu(h,w))
```

A. 90
B. 80
C. 70
D. 60

28. Python 中函数不包括_____。

A. 标准函数
B. 内置函数
C. 参数函数
D. 第三方库函数

29. 以下代码执行的输出结果是_____。

```
#1. def func(a, * b):
#2.     for item in b:
#3.         a += item
#4.     return a
#5. m = 0
#6. print(func(m,1,1,2,3,5,7,12,21,33))
```

A. 85
B. 33
C. 7
D. 0

30. 以下关于 Python 函数对变量的描述,错误的是_____。

A. 简单数据类型在函数内部用 global 保留字声明后,函数退出后该变量保留
B. 全局变量指在函数之外定义的变量,在程序执行全过程有效
C. 简单数据类型的局部变量仅在函数内部创建和使用,函数退出后变量被释放

D. 对于组合数据类型的全局变量,如果在函数内部没有被真实创建的同名变量,则函数内部不可以直接使用并修改全局变量的值

31. 关于函数的可变参数,可变参数 * args 传入函数时存储的类型是_____。

A. list   B. tuple   C. dict   D. set

32. 关于局部变量和全局变量,以下选项中描述错误的是_____。

A. 局部变量和全局变量是不同的变量,可以使用 global 保留字在函数内部使用全局变量

B. 局部变量是函数内部的占位符,与全局变量可能重名但不同

C. 函数运算结束后,局部变量不会被释放

D. 局部变量为组合数据类型且未创建,等同于全局变量

33. 假设函数中不包括 global 保留字,对于改变参数值的方法,以下选项中错误的是_____。

A. 参数是 int 类型时,不改变原参数的值

B. 参数的值是否改变与函数中对变量的操作有关,与参数类型无关

C. 参数是组合类型(可变对象)时,改变原参数的值

D. 参数是 list 类型时,改变原参数的值

34. 关于形参和实参的描述,以下选项中正确的是_____。

A. 参数列表中给出要传入函数内部的参数,这类参数称为形式参数,简称形参

B. 函数调用时,实参默认采用按照位置顺序的方式传递给函数,Python 也提供了按照形参名称输入实参的方式

C. 程序在调用时,将形参复制给函数的实参

D. 函数定义中参数列表里面的参数是实际参数,简称实参

35. 关于 Python 的全局变量和局部变量,以下选项中描述错误的是_____。

A. 局部变量指在函数内部使用的变量,当函数退出时,变量依然存在,下次函数调用可以继续使用

B. 使用 global 保留字声明简单数据类型变量后,该变量作为全局变量使用

C. 简单数据类型变量无论是否与全局变量重名,仅在函数内部创建和使用,函数退出后变量被释放

D. 全局变量指在函数之外定义的变量,一般没有缩进,在程序执行全过程有效

二、填空题

1. 函数代码块以_____开头,若有函数返回值时需用关键字_____返回。

2. 函数可以包含多个参数,参数之间使用_____分隔。

3. 在 Python 程序中,局部变量会_____同名的全局变量。

4. 函数执行语句"return [1,2,3],4"后,返回值是_____;没有 return 语句的函数将返回_____。

5. 使用关键字_____可以在一个函数中设置一个全局变量。

6. Python 实行按值传递参数。值传递指调用函数时将常量或表达式的值(通常称其为_____)传递给函数的参数(通常称其为_____)。

7. 设有 f＝lambda x,y:{x:y},则 f(5,10)的值是_____。

8. Python 包含数量众多的模块,通过_____语句,可以导入模块,并使用其定义的功能。

9. 执行下列程序后,运行结果是_____。

```
#1. def func():
#2.     global x
#3.     x = 20
#4. x = 10
#5. func()
#6. print(x)
```

10. 执行下列程序后,运行结果是_____。

```
#1. def f(a,b):
#2.     if b==0: print(a)
#3.     else: f(b,a%b)
#4. print(f(9,6))
```

11. 假设 Python 中有模块 m,如果希望同时导入 m 中的所有成员,则可以采用_____的导入形式。

12. Python 中每个模块都有一个名称,通过特殊变量_____可以获取模块的名称。特别是,当一个模块被用户单独运行时,模块名称为_____。

三、编程题

1. 写一个自定义函数,用于判断一个正整数是否为素数,并利用该函数验证哥德巴赫猜想,即任意大于或等于 4 的偶数都可以分解为两个素数之和,要求输出测试数据的所有组合。

2. 设计一个验证用户密码的程序,要求用户最多有 3 次输入机会,如果输入正确,显示"欢迎您来到 Python 世界!"否则显示"请继续努力!"

3. 求组合数 C_m^n,其中,$C_m^n = \dfrac{m!}{n!\ (m-n)!}$。

4. 写一个自定义函数,用于判断两个数是否为幸运数对。幸运数对是指两数相差 3,且各位数字之和能被 6 整除的一对数,如 147 和 150 就是幸运数对。要求找出所有的三位数幸运数对。

5. 写一个自定义函数 $\varphi(m)$,用于计算 m 的所有因子(包括 1 和 m)之和。若有 m<n,且 $\varphi(m)=\varphi(n)=m+n+1$,则 m 和 n 是拟互满数。要求找出 40~200 的所有拟互满数。

6. 斐波那契数列又称黄金分割数列,指 0,1,1,2,3,5,8,13,21,34,…,其数学表达式为:

$$F(n)=\begin{cases} 0, & n=0 \\ 1, & n=1 \\ F(n-1)+F(n-2), & n\geq 2 \end{cases}$$

请定义一个函数返回斐波那契数列的第 n 项,并输出斐波那契数列的前 10 项。

7. 定义一个 lambda 函数,返回三个数中的最大值。要求从键盘输入 3 个整数,找出其中的最大值。

8. 回文数是指正向和反向都相同的整数,例如,1234321、368863 等都是回文数。写一个函数判断一个整数是否为回文数。

9. 用牛顿迭代法求方程 $2x^3 - 4x^2 + 3x - 6 = 0$ 在 1.5 附近的根。

提示：牛顿迭代法解非线性方程根的迭代公式是

$$x_{n+1} = x_n - \frac{f(x_n)}{f'(x_n)}$$

其中，$f'(x_n)$ 是 $f(x_n)$ 在 x_n 处的导函数。

10. 使用梯形法计算定积分 $\int_a^b f(x)dx$ 的值，其中，$f(x) = \sin(x)$，a 和 b 由用户输入。

提示：将积分区间分成 n 等份，每份的宽度为 $h = (b-a)/n$，在区间 $[a+ih, a+(i+1)h]$ 上使用梯形的面积近似求原函数的积分，即

$$\int_a^b f(x)dx = \sum_{i=0}^{n-1} \int_{a+ih}^{a+(i+1)h} f(x)dx$$

$$\approx \sum_{i=0}^{n-1} \frac{h}{2}(f(a+ih) + f(a+(i+1)h))$$

$$= h\left(\frac{f(a)+f(b)}{2} + \sum_{i=1}^{n-1} f(a+ih)\right)$$

n 越大或 h 越小，积分就越精确。

11. RSA 是常用的一种加密算法，其中产生公钥和私钥的过程如下：给定两个质数 p、q，随机产生一个奇数 e，满足 e<(p-1)(q-1)，且与 (p-1)(q-1) 互质，即 gcd(e,(p-1)(q-1))=1，在 e 的基础上产生 e 的倒数 d，即 ed=1。以上过程中产生的 e 即为公钥，d 为私钥。编程实现求解私钥：对于给定的两个质数 p=128543041447753 和 q=1062573853363145487845851，先随机产生 e<(p-1)(q-1) 并且满足 gcd(e,(p-1)(q-1))=1，然后求出倒数 d 并打印出来。

8.4 实 验 案 例

一、找水仙花数

1. 实验要求

找出所有的水仙花数。水仙花数是指一个三位数，其各位数字的立方之和等于该数本身。例如，$153 = 1^3 + 5^3 + 3^3$，故 153 是一个水仙花数。编写并输入代码，保存到程序文件 Ex8-1.py 中，运行程序并观察结果。

2. 算法分析

可以编写一个函数，将参数 n 分别分离出个、十、百位上的数字 a、b、c，然后根据条件判断 n 是否为水仙花数，若是，则返回 True；否则，返回 False。在 100~999 范围内，对所有整数进行测试，并输出符合条件的数。

3. 完善程序

```
#1.  def isNarcissistic(n):        # 判断是否为水仙花数
#2.      a = _____           # 取百位
#3.      b = _____           # 取十位
#4.      c = _____           # 取个位
#5.      if _____            # 判断水仙花数的条件
```

```
# 6.         return True
# 7.     else:
# 8.         return False
# 9.
# 10. for i in range(100,1000):          #穷举水仙花数
# 11.     if _____
# 12.         print(i)
```

二、在有序序列中增加数据

1. 实验要求

在给定的一个有序序列中,输入一个数据,使之仍保持有序。编写并输入代码,保存到程序文件 Ex8-2.py 中,运行程序并观察结果。

2. 算法分析

要将输入的数据 v 添加到一个有 n 个数的有序数据序列中,可以从左往右根据大小关系找到 v 的位置 i,然后从最后一个数开始将 n−i 个数依次后移一位,直到位置 i 空出,再将 v 放入位置 i 上。

3. 完善程序

```
# 1.  a = [6,14,27,33,46,62,87]
# 2.  print('The sorted list is:',a)
# 3.  n = _____                   #获取 a 中的数据个数
# 4.  v = eval(input('Input a number:'))  #要插入的数据
# 5.  _____
# 6.
# 7.  def insert_array(a,v):            #插入数据 v 至有序序列 a 中
# 8.      for i in range(n):
# 9.          if _____           #查看插入点位置
# 10.             for j _____     #插入点往后的数倒搬
# 11.                 _____        #搬移数据
# 12.             a[i] = v
# 13.             break
# 14.
# 15. insert_array(a,v)
# 16. print('The sorted list is:',a)
```

三、输出某个月的月历

1. 实验要求

已知 1800 年 1 月 1 日是星期三,要求根据用户输入的年份(≥1800)和月份,输出当月的月历。编写并输入代码,保存到程序文件 Ex8-3.py 中,运行程序并观察结果。

2. 算法分析

可以采用模块化方法逐步求精,将程序划分为两大模块:输入日期模块和输出完整月历模块。其中,输入日期模块比较简单,不再细分。而输出完整月历模块分解为输出月历头部、计算 1 号是星期几、计算当月有几天、输出月历主体 4 个模块。

输出月历头部模块:月历头部含有该月的月份名称,需根据月份得到相应的月份名称。

计算 1 号是星期几:计算 1800 年 1 月 1 日至用户输入的月份的 1 号共有多少天,需要考虑闰年的情况,然后将天数+3 后对 7 求余可得到答案,加 3 的原因是 1800 年 1 月 1 日为星期三。

当月有几天：根据用户输入的月份得到当月有几天，需考虑闰年的情况。

输出月历主体：循环输出当月日历主体，当(日期＋当月1号是星期几)对7求余为0时，表示遇到了星期天，此时需要换行。

3. 完善程序

```
#1.  # 输出完整的日历信息
#2.  def prnMonth(year,month):
#3.      print("\t",getTheMonthName(month)," ",year);
#4.      print(" --------------------------- ");
#5.      print(" Sun Mon Tue Wed Thu Fri Sat ");
#6.      # 计算用户输入的月份的1号是星期几
#7.      startDay = _____
#8.      # 用户输入的月份有多少天
#9.      numInMonth = howManyDaysInMonth(year,month)
#10.     # 输出当月所有日期
#11.     for i in range(startDay):            # 首行的1号不是星期天时需要缩进
#12.         print('    ',end = "")           # 每个日子占4个字符
#13.     for i in range(1,numInMonth + 1):
#14.         if i < 10:
#15.             tem = '    %d' % i           # 每个日子占4个字符
#16.         else:
#17.             tem = '   %d' % i            # 每个日子占4个字符
#18.         print(tem,end = "")
#19.         if((i + startDay) % 7 == 0):
#20.             print()                       # 换行
#21.
#22. # 得到月份名称
#23. def getTheMonthName(month):
#24.     monthName = {1:"January",2:"February",3:"March",4:"April",\
#25.                  5:"May",6:"June",7:"July",8:"August",\
#26.                  9:"September",10:"October",11:"November",12:"December"}
#27.     return _____
#28.
#29. # 计算用户输入的月份的1号是星期几
#30. def whatDayIsTheFirstDay(year,month):
#31.     startDayof1800_1_1 = 3
#32.     total = 0
#33.     for y in range(1800,year):
#34.         if _____
#35.             total = total + 366
#36.         else:
#37.             total = total + 365
#38.     for m in range(1,month):
#39.         total = total + howManyDaysInMonth(year,m)
#40.     return _____
#41.
#42. # 计算某年的某月有多少天
#43. def howManyDaysInMonth(year,month):
#44.     if (month == 1 or month == 3 or month == 5 or month == 7 or month == 8 or month == 10 or\
month == 12):
#45.         return 31
```

```
# 46.    if _____
# 47.        return 30
# 48.    if _____
# 49.        if isLeapYear(year):
# 50.            _____
# 51.        else:
# 52.            return 28
# 53.    return 0
# 54.
# 55. # 判断是否闰年
# 56. def isLeapYear(year):
# 57.    return _____
# 58.
# 59. # 主函数
# 60. def main():
# 61.    year = int(input("请输入年份(大于1800的4位整数): "))
# 62.    month = int(input("请输入月份(1~12): "))
# 63.    prnMonth(year,month)
# 64.
# 65. main()
```

4．调试程序

保存文件为 Ex8-3.py，运行程序，程序输出结果如下。

```
请输入年份(大于1800的4位整数): 2018
请输入月份(1~12): 10
       October 2018
------------------------------
Sun Mon Tue Wed Thu Fri Sat
      1   2   3   4   5   6
  7   8   9  10  11  12  13
 14  15  16  17  18  19  20
 21  22  23  24  25  26  27
 28  29  30  31
```

四、建立用户函数模块库

建立一个用户模块，存放用户自己的函数。模块中存放两个函数，一个用于输出杨辉三角，另一个用于完成汉诺塔的移动模拟。编写并输入代码，保存到程序文件 Ex8-4.py 中，运行程序并观察结果。

1．杨辉三角

n 阶杨辉三角共打印 n 行，每一行最左边和最右边的元素是 1，其余元素是其上方相邻的左右两个元素之和，如下为 6 阶杨辉三角。

```
             1
           1   1
         1   2   1
       1   3   3   1
     1   4   6   4   1
   1   5  10  10   5   1
```

1）算法分析

若将杨辉三角左对齐输出，可以发现它的分布规律为：

```
1
1    1
1    2    1
1    3    3    1
1    4    6    4    1
1    5    10   10   5    1
```

即第 1 列和主对角线元素为 1，其余元素是上一行前一列和上一行同列元素之和。可以使用一个嵌套的列表来表示杨辉三角，即：

$$x[i][j]=\begin{cases} 1, & j=1 \\ 1, & i=j \\ x[i-1][j-1]+x[i-1][j], & \text{其他元素} \end{cases}$$

2）完善程序

```
#1.   ### 杨辉三角函数 yanghui()代码开始 ############################
#2.   def yanghui(n):
#3.       x = [ ]
#4.       for i in range(1,n + 1):
#5.           x.append([1] * i)
#6.       #计算杨辉三角矩阵其他值
#7.       for i _____
#8.           for j _____
#9.               x[i][j] = _____
#10.      #输出杨辉三角
#11.      for i in range(n):
#12.          if n <= 10:print(' ' * (40 - 4 * i),end = '')
#13.          for j in range(i + 1):
#14.              print('% - 8d' %  x[i][j],end = '')
#15.          print()
#16.  ### 杨辉三角函数 yanghui()代码结束 ############################
#17.
#18.  ### 独立运行测试代码开始 ##############################
#19.  if __name__ == '__main__':
#20.      print('模块独立自运行测试输出: ')
#21.      print('一、6 阶杨辉三角:')
#22.      yanghui(6)
```

3）调试程序

保存文件为 Ex8-4. py，运行程序，程序输出结果如下。

```
模块独立自运行测试输出:
一、6 阶杨辉三角:
                    1
                1    1
            1    2    1
        1    3    3    1
    1    4    6    4    1
1    5    10   10   5    1
```

2. 汉诺塔

汉诺塔是古代印度的一个传说,在世界中心贝拿勒斯的圣庙中有三根柱子,在其中的一根柱子上穿着64片黄金圆盘,圆盘按照大小从上到下依次增大。主神梵天命令僧侣们把圆盘全部搬到另一根柱子上,他规定可以利用三根柱子,但是一次只能搬一片圆盘,并且始终保持大圆盘在下,小圆盘在上。

据说等搬完这些圆盘,地球就毁灭了。因为如果僧侣们没日没夜地搬移这些圆盘,每秒钟搬一片,也需要5845.54亿年以上才能搬完。

1)算法分析

搬移汉诺塔是一个经典的递归程序,若将三根柱子命名为A、B、C,将n片圆盘从A柱搬到C柱的搬移顺序可以归纳如下。

第一步:将A柱上方的n−1片圆盘借助C柱搬到B柱。

第二步:将A柱上剩下的那片圆盘搬到C柱。

第三步:将B柱上的n−1片圆盘借助A柱搬到C柱。

2)完善程序

在上面杨辉三角函数的下方继续输入下列程序代码,并修改独立测试模块部分代码。

```
#1.  ### 汉诺塔游戏模拟函数代码开始 ########################
#2.  def hanoi(n,mfrom,mpass,mto):
#3.      if n == 1:
#4.          print(mfrom,'------>',mto)
#5.      else:
#6.          hanoi(n-1,mfrom,mto,mpass)
#7.          print(mfrom,'------>',mto)
#8.          hanoi(n-1,mpass,mfrom,mto)
#9.  ### 汉诺塔游戏模拟函数代码结束 ########################
#10.
#11. ### 独立运行测试代码开始 ########################
#12. if __name__ == '__main__':
#13.     print('模块独立自运行测试输出: ')
#14.     print('一、6阶杨辉三角:')
#15.     yanghui(6)
#16.     print('二、3阶汉诺塔模拟过程如下: ')
#17.     hanoi(3,'A','B','C')
```

3)调试程序

保存文件,运行程序,程序输出结果如下:

```
模块独立自运行测试输出:
一、6阶杨辉三角:
                        1
                    1       1
                1       2       1
            1       3       3       1
        1       4       6       4       1
    1       5      10      10       5       1
```

二、3阶汉诺塔模拟过程如下：

```
A ------> C
A ------> B
C ------> B
A ------> C
B ------> A
B ------> C
A ------> C
>>>
```

在交互模式下输入如下所示的导入语句,对函数进行不同参数的测试,结果如下。

```
>>> import Ex8 - 4 as lib
>>> lib.yanghui(4)
                    1
                 1    1
              1    2    1
           1    3    3    1
>>> lib.yanghui(8)
                    1
                 1    1
              1    2    1
           1    3    3    1
        1    4    6    4    1
     1    5   10   10    5    1
  1    6   15   20   15    6    1
1    7   21   35   35   21    7    1
>>> lib.hanoi(2,'A','B','C')
A ------> B
A ------> C
B ------> C
>>> lib.hanoi(4,'A','B','C')
A ------> B
A ------> C
B ------> C
A ------> B
C ------> A
C ------> B
A ------> B
A ------> C
B ------> C
B ------> A
C ------> A
B ------> C
A ------> B
A ------> C
B ------> C
```

第9章　面向对象程序设计

9.1　知　识　要　点

9.1.1　面向对象程序设计概述

面向对象程序设计以对象作为程序的主体,将数据与操作封装为一体,以提高软件的重用性、灵活性和扩展性。

面向对象程序设计涉及的基本概念如下。

(1) 类:是对某类事物的抽象描述,相当于描述这类事物的一个模板,一般来说,这些事物具有共同的属性和行为。

(2) 对象:是现实世界中的某个客观事物,是某个类中的一个实例。

(3) 消息:是一个对象要求另一个对象实施某项操作的请求。

(4) 封装:把对象的数据(属性)和操作数据的过程(方法)结合在一起,构成独立的单元,不允许外界直接存取对象的属性,只能通过使用类提供的接口对该对象实施操作,以保证数据的安全。

(5) 继承:反映类与类之间的抽象级别。父类可以派生出若干个子类,子类可以获得父类的所有公有属性和方法,也可以对获得的属性和方法加以改造,使之具有自己的特点。

(6) 多态:指具有相同名字的方法根据不同对象收到的相同消息产生不同的行为方式。

9.1.2　类与对象

类是一种特殊的数据类型,使用 class 语句来定义。类是抽象的,不占用内存;对象是具体的,当定义了对象之后,系统将为对象变量分配内存。

类的定义格式:

```
class 类名:
    赋值语句
    赋值语句
    ...
    def 函数定义
```

```
    def 函数定义
    ...
```

其中,赋值语句是对数据成员(属性)的定义,def 函数定义是对成员函数(方法)的定义。

定义类以后,将类实例化后才能使用类的功能,类的实例化即为创建对象。创建对象的一般格式如下。

```
对象名 = 类名(参数列表)
```

9.1.3　属性和方法

在创建对象以后,通过对象访问类的属性和方法的一般格式如下。

```
对象名.属性名
对象名.方法名()
```

1. 属性

属性有两种:类属性和实例属性。

(1)类属性:用于表示类本身具有的属性,在类定义中将显式定义,形式一般为类体中的一条赋值语句。根据属性名称的不同还可以区分是公有属性还是私有属性,如果属性名前有两个下画线"__",则表明是私有属性,否则就是公有属性。

(2)实例属性:用于表示某个实例独具的属性,不在类中显式定义,而是在__init__构造方法中定义,以 self 作为前缀。

2. 方法

在类体中定义的函数与类对象或实例对象是绑定的,我们称之为方法;而在类外定义的函数则不与任何对象绑定,故只称为函数。

方法分为三种:实例方法、类方法和静态方法。

(1)实例方法:类中除去类方法和静态方法以外的所有方法都是实例方法,只能通过实例进行调用,一般第一个参数是 self。

(2)类方法:定义时需要在成员函数前加上@classmethod 装饰符,并且第一个参数是 cls,表示类本身。

(3)静态方法:定义时需要在成员函数前加上@staticmethod 装饰符,对参数没有任何限制。

实例方法只能通过实例进行调用,而静态方法和类方法都可以通过类名和实例两种方式进行调用。

9.1.4　继承和多态

1. 继承

面向对象程序设计的一个主要优点是提高了代码的重用。定义一个新类时,通过继承可以把已有类的功能包含进来,并允许扩展新功能。子类继承了父类所有的公有属性和方法,但是不能继承私有属性和方法,在子类中可以通过父类名来访问父类的公有属性和方法。

类的继承一般格式如下。

```
class 派生类名(父类名 1, 父类名 2, … ):
    类体
```

父类可以有一个,称为单继承,也可以有多个,称为多重继承。

2. 多态

多态性是指不同的对象收到同一种消息时会产生不同的行为。在程序中,消息就是调用函数。Python天生就是一种多态语言,它的变量是弱类型,定义时不需要指明类型就能根据实际情况确定变量的类型,在很多地方都体现了多态的特性。

9.1.5　异常类中的继承关系

Python解释器执行程序时检测到错误就会引发异常,如果异常发生后没被处理,程序就在当前异常处终止。异常是 Python 中的一个特殊对象,表示一个错误。异常有很多不同的类型,Python 中用了不同的类对象去标识不同的异常。

程序员通过编写代码,捕捉这个异常,如果捕捉成功就进入另一个处理分支,执行专门为其定制的逻辑,使程序不会崩溃,这就是异常处理。异常处理机制可以增强程序的健壮性与容错性。良好的容错能力,能够有效地提高用户体验,维持业务的稳定性。

程序员捕捉到的异常,都是异常类中的一个对象。类与类之间存在一定的继承关系。例如,BaseException 是所有内置异常类的基类。在捕获异常类时,应尽量先尝试捕获派生类,再捕获基类,这样可使异常处理更有针对性。异常类的继承关系如图 9-1 和图 9-2 所示。

图 9-1　异常类的继承关系(一)

```
└─OSError                        #操作系统错误
    ├─ BlockingIOError            #操作将阻塞对象(如socket)设置为非阻塞操作
    ├─ ChildProcessError          #在子进程上得操作失败
    ├─ ConnectionError            #与连接相关的异常的基类
    │   ├─ BrokenPipeError              #另一端关闭时尝试写入管道
    │   ├─ ConnectionAbortedError       #连接尝试被对等方中止
    │   ├─ ConnectionRefusedError       #连接尝试被对等方拒绝
    │   ├─ ConnectionResetError         #连接被对等方重置
    │   ├─ FileExistsError              #创建已存在的文件或目录
    │   ├─ FileNotFoundError            #请求不存在的文件或目录
    │   ├─ InterruptedError             #系统调用被输入信号中断
    │   ├─ IsADirectoryError            #在目录上请求文件操作
    │   ├─ NotADirectoryError           #在不是目录的事物上请求目录操作
    │   ├─ PermissionError              #尝试在没有足够访问权限的情况下运行操作
    │   ├─ ProcessLookupError           #给定进程不存在
    │   └─ TimeoutError                 #系统函数在系统级别超时
    ├─ ReferenceError            #弱引用试图访问已经垃圾回收了的对象
    ├─ RuntimeError              #在检测到不属于任何其他类别的错误时触发
    │   ├─ NotImplementedError          #尚未实现的方法
    │   └─ RecursionError               #解释器检测到超出最大递归深度
    ├─ SyntaxError               #Python语法错误
    │   └─ IndentationError             #缩进错误
    │       └─TabError                  #Tab和空格混用
    ├─ SystemError               #一般的解释器系统错误
    ├─ TypeError                 #对类型无效的操作
    ├─ ValueError                #传入无效的参数
    │   └─ UnicodeError                 #Unicode相关的错误
    │       ├─UnicodeDecodeError        #Unicode解码时的错误
    │       ├─UnicodeEncodeError        #Unicode编码时错误
    │       └─UnicodeTranslateError     #Unicode转换时错误
    └─ Warning                   #警告的基类
        ├─ DeprecationWarning           #关于被弃用的特征的警告
        ├─ PendingDeprecationWarning    #关于特性将会被废弃的警告
        ├─ RuntimeWarning               #可疑的运行时行为(runtime behavior)的警告
        ├─ SyntaxWarning                #可疑的语法的警告
        ├─ UserWarning                  #用户代码生成的警告
        ├─ FutureWarning                #关于构造将来语义会有改变的警告
        ├─ ImportWarning                #关于模块导入时可能出错的警告的基类
        ├─ UnicodeWarning               #与Unicode相关的警告的基类
        ├─ BytesWarning                 #与bytes和bytearray相关的警告的基类
        └─ ResourceWarning              #与资源使用相关的警告的基类
```

图 9-2 异常类的继承关系(二)

9.2 例题分析与解答

一、选择题

1. 对象构造方法的作用是_____。

A. 一般成员方法   B. 类的初始化

C. 对象的初始化   D. 对象的建立

分析：对实例成员变量进行初始化时，常常使用一个名为"__ init __"的特殊成员方法，该方法就是类的构造方法。所以选 C 选项。

答案：C

2. 面向对象程序设计中的私有数据是指_____。

A. 访问数据时必须输入保密口令   B. 数据经过加密处理

C. 数据为只读   D. 外部对数据不可访问

分析：在类中如果定义的成员名前带有两个下画线"__"，这样的成员属于私有成员，否则就是公有成员，在类外的代码都无法访问私有成员，但可以访问公有成员。所以选 D 选项。

答案：D

3. 以下选项_____不是 Python 语言的特点。

A. 封装   B. 传递   C. 继承   D. 多态

分析：Python 是一种面向对象的语言，具有封装、继承和多态的特性。所以选 B 选项。

答案：B

4. 以下有关类的说法不正确的是_____。

A. 对象是类的一个实例

B. 任何对象都只能属于一个具体的类

C. 一个类只能有一个对象

D. 类与对象的关系和数据类型与变量的关系类似

分析：类是对一类事物的抽象，是对象的模板；对象是类的一个实例；可以认为对象变量的数据类型就是某个类，跟定义变量类似，变量的类型只能是某一种具体类型，因此任何对象只能属于一个具体的类；而同一类的对象可以有多个。所以选 C 选项。

答案：C

5. 下列关于对象属性和方法的叙述中正确的是_____。

A. 属性是描述静态特性的数据元素，方法是描述动态特性的一组操作

B. 属性是描述动态特性的一组操作，方法是描述静态特性的数据元素

C. 属性是描述内在静态特性的数据元素，方法是描述外在静态特性的数据元素

D. 属性是描述自身动态特性的一组操作，方法是描述作用于外界的动态特性的一组操作

分析：属性是描述静态特性的数据元素，相当于在类中定义的变量；方法是描述动态特性的一组操作，也就是类中定义的函数，函数中通过代码，实现动态特性。所以选 A 选项。

答案：A

6. 下列关于类属性的描述中不正确的是_____。

A. 类属性被类的所有实例所共有

B. 类的属性不能被所有的实例所共有

C. 类的属性在类体内定义

D. 类的属性的访问形式为"类名.类属性名"

分析：类的属性分为类属性和实例属性两种。类属性通常用来保存与类相关联的值，不依赖任何类实例，它属于类本身，可以被类的所有实例访问。而实例属性只能通过实例访问，它通常是在实例生成之后，动态添加的实例属性，只属于该实例。所以选 B 选项。

答案：B

7. 关于类的继承，以下说法错误的是_____。

A. 类可以被继承，但不能继承父类的私有属性和私有方法

B. 类可以被继承，能够继承父类的私有属性和私有方法

C. 子类可以修改父类的方法，以实现与父类不同的行为表示或能力

D. 一个类可以继承多个类

分析：子类继承了父类的所有公有属性和方法，可以在子类中通过父类名来访问，但是不能继承父类的私有属性和方法。所以选 B 选项。

答案：B

8. 面向对象方法中，继承是指_____。

A. 类之间共享属性和操作的机制

B. 各对象之间的共同性质

C. 一组对象所具有的相似性质

D. 一个对象具有另一个对象的性质

分析：类可以通过继承机制，使得子类可以直接使用父类中的公有属性和方法；类是同一类对象的共同模板，这些对象之间具有共同的或相似的性质，但是这不属于继承。所以选 A 选项。

答案：A

9. 以下关于异常处理的描述，正确的是_____。

A. try 语句中有 except 子句就不能有 finally 子句

B. Python 中，可以用异常处理捕获程序中的所有错误

C. 引用一个不存在索引的列表元素会引发 NameError 错误

D. Python 中允许利用 raise 语句由程序主动引发异常

分析：except 子句是异常引发时将执行的语句，与 finally 并不矛盾，finally 子句是不管异常是否引发，最终都将执行的收尾语句；不是所有的错误都能被异常处理捕获；引用不存在索引的列表元素，引发的异常是 IndexError 错误；通过 raise 语句可以主动引发异常。所以选 D 选项。

答案：D

10. 运行以下程序：

```
#1. try:
#2.     num = eval(input("请输入一个列表:"))
```

```
#3.     num.reverse()
#4.     print(num)
#5. except:
#6.     print("输入的不是列表")
```

从键盘上输入 1,2,3,则输出的结果是_____。

A.〔1,2,3〕 B.〔3,2,1〕

C. 运算错误 D. 输入的不是列表

分析：eval 函数的作用是把字符串转换成相应的表达式,当从键盘输入"1,2,3"后,num 得到的是元组(1,2,3),执行 num.reverse()将引发异常,因为元组是不可变序列,无法倒序。因此接下来将执行 except 子句,所以选 D 选项。

答案：D

二、填空题

1. 类的成员函数有一个参数_____,它位于参数列表的开头,代表类的实例本身。

分析：类的成员函数与普通函数的最大区别是类的成员函数的第一个参数是 self,它代表了实例自身。

答案：self

2. 下列程序的运行结果是_____。

```
#1. class Account:
#2.     def __init__(self,id):
#3.         self.id = id
#4.         id = 888
#5. acc = Account(100)
#6. print(acc.id)
```

分析：构造方法 __init__ 的第一个参数必须是 self,代表实例自身,第二个参数 id 是该函数的形参,而 self.id 中的 id 是一个实例对象属性,与形参 id 不是同一个变量。因此在第 4 行代码中改变 id 的值不会影响到 self.id。

答案：100

3. 下列程序的运行结果是_____。

```
#1. class Parent:
#2.     def __init__(self,param):
#3.         self.v1 = param
#4. class Child(Parent):
#5.     def __init__(self,param):
#6.         Parent.__init__(self,param)
#7.         self.v2 = param
#8. obj = Child(100)
#9. print(obj.v1,obj.v2)
```

分析：父类 Parent 中的 __init__ 方法把参数 param 的值传给实例属性 v1,子类继承自父类 Parent,在子类中重新定义构造方法时,需要显式调用父类的构造函数方法,因此父类、子类都进行了属性的初始化。

答案：100　100

9.3 测 试 题

一、选择题

1. 下面选项中,不属于面向对象要素的是_____。

A. 对象 B. 类 C. 过程 D. 继承

2. 下面关于面向对象方法优点的叙述中,不正确的是_____。

A. 符合人类习惯的思维方法 B. 以功能分析为中心

C. 良好的可重用性 D. 良好的可维护性

3. 在面向对象方法中,一个对象请求另一对象为其服务的方式是通过发送_____。

A. 命令 B. 口令 C. 消息 D. 与类同名

4. 关于面向对象的程序设计,以下选项中描述错误的是_____。

A. 面向对象方法可重用性好

B. Python 3.x 解释器内部采用完全面向对象的方式实现

C. 用面向对象方法开发的软件不容易理解

D. 面向对象方法与人类习惯的思维方法一致

5. 下列类的声明中不合法的是_____。

A. class Flower：pass B. class 中国人：pass

C. class SuperStar()：pass D. class A,B：pass

6. 当 Python 中的一个类定义了_____方法时,类实例化时会自动调用该方法。

A. auto() B. __auto__() C. init() D. __init__()

7. 下列有关构造方法的描述,正确的是_____。

A. 所有类都必须定义一个构造方法

B. 构造方法必须有返回值

C. 构造方法必须访问类的非静态成员

D. 构造方法可以初始化类的属性

8. 以下关于 C 类继承 A 和 B 类的正确语句是_____。

A. class C：A,B B. class C：A B

C. class C(A,B)： D. def class C(A,B)：

9. 只有创建了实例对象才可以调用的方法是_____。

A. 类方法 B. 静态方法 C. 实例方法 D. 外部函数

10. 下列关于类继承的叙述中错误的是_____。

A. 一个基类可以有多个子类,一个子类可以有多个基类

B. 继承描述类的层次关系,子类可以具有与基类相同的属性和方法

C. 一个子类可以作为其子类的基类

D. 子类继承了父类的特性,故子类不是新类

11. 类中名称以两个下画线起始且不以两个下画线结尾的方法一定是_____。

A. 静态方法 B. 私有方法 C. 系统方法 D. 类成员方法

12. 在每个 Python 类中都包含一个特殊的变量_____,它表示当前类本身,可以使

用它来引用类中的成员变量和成员函数。

A. this　　　　　　B. me　　　　　　C. self　　　　　　D. 与类同名

13. 下列关于实例属性的描述中错误的是_____。

A. 实例属性被类的所有实例所共有

B. 实例属性属于类的一个实例

C. 实例属性使用"self. 属性名"定义

D. 实例属性的访问形式为"self. 属性名"

14. 下列关于 Python 的说法错误的是_____。

A. 类的实例方法需要在实例化后才能调用

B. 类的实例方法可以在实例化之前调用

C. 静态方法和类方法都可以被类或实例访问

D. 静态方法无须传入 self 参数，类方法需传入代表本类的 cls 参数

15. 以下程序的输出结果是_____。

```
#1. class A:
#2.     def fun1(self): print("fun1 A")
#3.     def fun2(self): print("fun2 A")
#4. class B(A):
#5.     def fun1(self): print("fun1 B")
#6.     def fun3(self): print("fun2 B")
#7. b = B()
#8. b.fun1()
#9. b.fun2()
#10. a = A()
#11. a.fun1()
#12. a.fun2()
```

A. fun1 B　　　　B. fun1 B　　　　C. fun1 A　　　　D. fun1 A

　　 fun2 A　　　　　　 fun2 B　　　　　　 fun2 A　　　　　　 fun2 A

　　 fun1 A　　　　　　 fun1 A　　　　　　 fun1 A　　　　　　 fun1 B

　　 fun2 A　　　　　　 fun2 A　　　　　　 fun2 A　　　　　　 fun2 A

16. Python 异常都基于基类_____。

A. Exception　　　　　　　　　　　B. Error

C. BaseException　　　　　　　　　D. Try

17. 在 Python 程序中，执行到表达式 123+'abc'时，会抛出_____异常。

A. NameError　　　B. IndexError　　　C. SyntaxError　　　D. TypeError

18. 试图打开一个不存在的文件时所触发的异常是_____。

A. KeyError　　　B. NameError　　　C. SyntaxError　　　D. IOError

19. 下列错误信息中，_____是异常对象的名字。

```
Traceback (most recent call last):
  File "<pyshell#0>", line 1, in <module>
    print(b = a)
NameError: name 'a' is not defined
```

A. Traceback　　　　　　　　　　　B. NameError

C. name is not defined　　　　　　　D. a

20. 以下关于异常处理的描述,错误的选项是_____。

A. Python 通过 try、except 等保留字提供异常处理功能

B. ZeroDivisionError 是一个变量未命名错误

C. NameError 是一种异常类型

D. 异常语句可以与 else 和 finally 语句配合使用

21. 如果执行 Python 程序时,产生了"unexpected indent"的错误,其原因是_____。

A. 代码中使用了错误的关键字　　　　B. 代码中缺少":"符号

C. 代码里的语句嵌套层次太多　　　　D. 代码中出现了缩进不匹配的问题

22. 用户输入整数的时候不合规导致程序出错,为了不让程序异常中断,需要用到的语句是_____。

A. if 语句　　　　　　　　　　　　　B. eval 语句

C. 循环语句　　　　　　　　　　　　D. try-except 语句

23. 关于程序的异常处理,以下选项中描述错误的是_____。

A. 程序异常发生经过妥善处理可以继续执行

B. 异常语句可以与 else 和 finally 保留字配合使用

C. 编程语言中的异常和错误是完全相同的概念

D. Python 通过 try、except 等保留字提供异常处理功能

24. 当用户输入 abc 时,下面代码的输出结果是_____。

```
#1. try:
#2.     n = 0
#3.     n = input("请输入一个整数：")
#4.     def pow10(n):
#5.         return n**10
#6. except:
#7.     print("程序执行错误")
```

A. 输出：abc　　　　　　　　　　　　B. 程序没有任何输出

C. 输出：0　　　　　　　　　　　　　D. 输出：程序执行错误

二、填空题

1. 在 Python 语言中,定义类的关键字是_____,创建对象时,调用的初始化方法的名称是_____。

2. 在 Python 语言中,定义私有成员变量的方法是_____。

3. 面向对象程序设计的三个特征是_____、_____、_____。

4. 将属性与方法"打包"到类中,体现了面向对象三大特性的_____。

5. Python 类的属性包括_____属性和_____属性。

6. 在一个类中,可能出现 3 种方法,即_____方法、_____方法和_____方法。

7. 定义静态方法时使用的装饰器是_____,类方法使用的装饰器是_____。

8. 使用_____函数可以检测一个给定的对象是否属于(继承于)某个类或类型,如果是则返回 True;否则返回 False。

9. 当子类和父类存在同名的方法时,_____的方法覆盖了_____的方法。

10. 以下程序的输出结果是_____。

```
#1. class Account:
#2.     def __init__(self,id,balance):
#3.         self.id__ = id
#4.         self.balance = balance
#5.     def deposit(self,amount):
#6.         self.balance += amount
#7.     def withdraw(self,amount):
#8.         self.balance -= amount
#9. acc1 = Account('1234',100)
#10. acc1.deposit(500)
#11. acc1.withdraw(200)
#12. print(acc1.balance)
```

11. Python 用于异常处理结构中捕获特定类型的异常的保留字是_____。

三、编程题

1. 设计一个 Date 类,包括 year、month、day 三个属性和能够实现取日期值、取年份、取月份、设置日期、输出日期的方法。

2. 定义一个圆类,具有圆心位置、半径、颜色等属性,编写构造方法和其他成员函数,能够设置属性值,获取属性值,计算周长和面积。

3. 设计一个课程类,包括课程编号、课程名称、任课教师、上课地点等成员,其中,上课地点是私有的。添加构造方法及显示课程信息的方法,最后在主模块中定义类的对象,测试所设计的方法并显示最后结果。

9.4 实 验 案 例

一、学生成绩信息处理

1. 实验要求

定义一个 Student 类,有类属性:姓名 name、年龄 age、语文成绩 Chinese、数学成绩 Math、英语成绩 English,且有以下方法:获取学生的姓名 get_name()、获取学生的年龄 get_age()、返回三门课的最高成绩 get_max_course()。编写并输入代码,保存到程序文件 Ex9-1.py 中,运行程序并观察结果。

2. 算法分析

姓名、年龄和成绩属于实例具有的属性,因此可以在定义 Student 类时利用构造函数进行数据的初始化,get_name 取成员 name 的值,get_age 取成员 age 的值,求 get_max_course 时可以先假设任意一门课的成绩是最高分,然后与剩余的其他成绩进行比较,如先假设语文成绩是最高分,然后与数学成绩做比较,取其大者,再与英语成绩比较,取其大者。

3. 完善程序

```
#1. class Student:                    #定义学生类
#2.     def __init__(self,name,age,Chinese,Math,English):
#3.         self.name = name
#4.         self.age = age
```

```
# 5.          self.Chinese = Chinese
# 6.          self.Math = Math
# 7.          self.English = English
# 8.     def get_name(self):          # 取姓名
# 9.          return self.name
# 10.    def get_age(self):           # 取年龄
# 11.          return self.age
# 12.    def get_max_course(self):    # 取课程的最高分
# 13.          max = self.Chinese
# 14.          if _____        # 成绩比较
# 15.                max = self.Math
# 16.          if _____        # 成绩比较
# 17.          _____           # 更新最高分
# 18.          return max
# 19. stu = Student('Zhangsan',18,78,84,62)
```

4. 调试程序

保存文件为 Ex9_1.py,运行程序,此时显示没有任何输出。

为了测试程序,在交互方式下输入如下语句。

```
>>> print(stu.name,stu.age,stu.Chinese,stu.Math,stu.English)
```

程序输出结果如下。

```
>>> print(stu.name,stu.age,stu.Chinese,stu.Math,stu.English)
Zhangsan 18 78 84 62
>>>
```

继续在交互方式下输入下列语句,测试所设计的方法,最后显示结果如下。

```
>>> stu = Student('Zhangsan',18,78,84,62)
>>> name = stu.get_name()
>>> age = stu.get_age()
>>> max_course = stu.get_max_course()
>>> print(name,age,max_course)
Zhangsan 18 84
>>>
```

二、高中生的成绩信息处理

1. 实验要求

定义一个 HighSchoolStudent(高中生)类,继承第一题中的 Student 类,此时多了 5 门课的属性:物理成绩 Physics、化学成绩 Chemistry、生物成绩 Biology、历史成绩 History、政治成绩 Politics,以及以下两个方法:返回 8 门课的平均分 get_average()和返回 8 门课中的最高成绩 get_max_course()。定义好类以后,定义 1 个学生进行测试,输出其平均分和最高分。编写并输入代码,保存到程序文件 Ex9_2.py 中,运行程序并观察结果。

2. 算法分析

定义子类可以继承父类的所有公有属性和方法,并派生自己的属性和方法。在求 8 门课的最高成绩时,通过直接调用父类的最高成绩,然后与子类中的所有其他成绩做比较,如果出现更高的成绩,更新最高分。求平均分是把8门课的成绩相加,再除以8。

3. 完善程序

```
#1.  from Ex9_1 import Student              #模块文件名需按实际命名而定
#2.  class HighSchoolStudent(Student):      #定义子类
#3.     def __init__(self,name,age,Chin,Math,Engl,Phys,Chem,Biol,Hist,Poli):
#4.        Student.__init__(self,name,age,Chin,Math,Engl)
#5.        self.Physics = Phys
#6.        self.Chemistry = Chem
#7.        self.Biology = Biol
#8.        self.History = Hist
#9.        self.Politics = Poli
#10.    def get_average(self):              #获取平均成绩
#11.        sum = self.Chinese + self.Math + self.English + self.Physics + self.Chemistry +
self.Biology + self.History + self.Politics
#12.        _____        #求平均
#13.        return _____
#14.    def get_max_course(self):
#15.        _____            #max的初始值
#16.        if self.Physics > max:
#17.            _____        #更新max
#18.        if _____
#19.            max = self.Chemistry
#20.        if _____
#21.            _____
#22.        if _____
#23.            _____
#24.        if _____
#25.            _____
#26.        return max
#27.  high_stu = HighSchoolStudent('Lee',20,67,86,75,72,80,94,83,74)
```

4. 调试程序

保存文件为 Ex9_2.py,运行程序,此时显示没有任何输出。

为了测试程序,在交互方式下输入如下语句:

```
>>> print(high_stu.name, high_stu.age, high_stu.Chinese, high_stu.Math, high_stu.English,
high_stu.Physics, high_stu.Chemistry, high_stu.Biology, high_stu.History, high_stu.
Politics)
```

再在交互方式下调用两个方法,输入语句与输出结果如下。

```
>>> print(high_stu.name, high_stu.age, high_stu.Chinese, high_stu.Math, high_stu.English,
high_stu.Physics, high_stu.Chemistry, high_stu.Biology, high_stu.History, high_stu.
Politics)
Lee 20 67 86 75 72 80 94 83 74
>>> avg = high_stu.get_average()
>>> max = high_stu.get_max_course()
>>> print("平均成绩 = %.1f,最高成绩 = %d" % (avg,max))
平均成绩 = 78.9,最高成绩 = 94
>>>
```

三、利用异常类正确输入数据

1. 实验目的

(1) 理解异常类之间的关系。

(2) 掌握利用异常处理来解决数据错误问题。

2. 实验要求

要求从键盘输入两个整数,若输入的不是整数,程序就终止运行并输出"输入的数据必须为整数!";若输入的除数为 0,则输出"除数不能为 0,请重输!"。在数据正确的情况下,输出其商。编写并输入代码,保存到程序文件 Ex9_3.py 中,运行程序并观察结果。

3. 实现代码

```
♯1. while True:                                ♯多次重复测试
♯2.     try:
♯3.         x = int(input("请输入被除数: "))     ♯测试被除数
♯4.     except ValueError:                      ♯无法转成整数
♯5.         print("输入的数据必须为整数!")
♯6.     else:
♯7.         break
♯8. while True:
♯9.     while True:
♯10.        try:
♯11.            y = int(input("请输入除数: "))    ♯测试除数
♯12.        except ValueError:                   ♯无法转成整数
♯13.            print("输入的数据必须为整数!")
♯14.        else:
♯15.            break
♯16.    try:
♯17.        z = x/y                              ♯测试商
♯18.    except ZeroDivisionError:                ♯除数为 0
♯19.        print("除数不能为 0,请重输!")
♯20.    else:                                    ♯其他情况
♯21.        print("%d÷%d=%f" % (x,y,z))
♯22.        break
```

4. 调试程序

保存文件为 Ex9_3.py,运行测试程序。

(1) 被除数分别输入字母构成的字符串、带小数点的数。

(2) 除数分别输入字母构成的字符串、带小数点的数、0.0、0,以及整数。

例如,按照下列测试数据得到的运行结果如下。

```
请输入被除数: aaa
输入的数据必须为整数!
请输入被除数: 23.45
输入的数据必须为整数!
请输入被除数: 45
请输入除数: bbb
输入的数据必须为整数!
```

```
请输入除数: 26.89
输入的数据必须为整数!
请输入除数: 0.0
输入的数据必须为整数!
请输入除数: 0
除数不能为 0,请重输!
请输入除数: 34
45 ÷ 34 = 1.323529
```

第10章 文　　件

10.1　知　识　要　点

10.1.1　文件的概念

文件是存储在外部介质上的一组相关信息的集合,与文件名相关联。文件的基本单位是字节,文件的长度就是指文件所占的字节数。

根据文件中数据的组织形式,文件可分为两类:文本文件和二进制文件。文本文件以字符方式组织数据,可以用文本编辑器(如 Windows 中的记事本)进行编辑。二进制文件有自己特定的文件格式,需要专门的编辑软件,如果用文本编辑器进行编辑将显示为乱码。

10.1.2　文件的操作

文件操作的一般步骤为:①打开或创建文件;②访问文件;③关闭文件。

1. 打开文件

使用内置函数 open 打开或创建一个文件。一般格式为:

文件变量名 = open(文件名 [,打开方式 [,缓冲区]])

2. 读取文本文件

读取文本文件主要使用 read、readline 和 readlines 三个方法。

(1) read([n]):只读取 n 个字节,n 省略或文件小于 n 个字节时则读取全部内容。

(2) readline():读取一行,包括其行尾标记。

(3) readlines():把整个文件读入一个字符串列表,每一行为一个字符串。

3. 写入文本文件

写入文本文件主要使用 write 和 writelines 两个方法。

(1) write(string):将字符串 string 写入文件。

(2) writelines(sequence_of_strings):写多行到文件中,参数是由字符串组成的可迭代对象、列表或元组。

4. 关闭文件

使用 close 方法关闭文件。一般格式为：

```
文件对象.close()
```

5. with 上下文管理语句

使用内置函数 open 打开或创建的文件应当用 close 方法显式关闭文件，否则无法保证能正常关闭文件。通过 with 语句打开的文件可以在缩进结束后自动关闭文件，保证了程序的健壮性。使用 with 语句访问文件的一般格式为：

```
with open(文件名 [,打开方式 [,缓冲区]]) as 文件变量名:
    关闭文件前执行的访问语句
```

10.1.3　CSV 文件的处理

CSV 是一种通用的、相对简单的文件格式，被用户、商业和科学领域广泛应用。CSV 的本意是 Comma-Separated Values，也就是"逗号分隔值"，意思是使用逗号作为数据之间的分隔符。CSV 文件经常被用作不同程序之间数据交换的格式，解析之后与数据库表格式类似，是数据分析最常用的数据类型之一。

CSV 文件采用某一种字符集，比如 ASCII、Unicode、EBCDIC 或 GB2312 等存储数据，是纯文本文件，里面除第一行之外，每一行代表的是一条记录，每条记录都有同样的字段序列，被分隔符分隔为字段。典型的分隔符有逗号、分号或制表符，也可以包括可选的空格。

在 Python 中，CSV 文件除了可以使用一般的文本文件的读写方式之外，也可以使用专门的 csv 模块进行读写，只要导入该模块即可使用其读写功能。

1. csv.reader 对象

csv.reader 对象用于以列表方式从 CSV 文件中读取数据，结果为当前行中存储的数据。其使用格式为：

```
csv.reader(csvfile,dialect = 'excel', * * fmtparams)
```

其中，csvfile 是文件对象；dialect 用于指定 CSV 的格式模式，不同程序输出的 CSV 格式有细微差别；fmtparams 用于指定特定格式，以覆盖 dialect 中的格式。

2. csv.DictReader 对象

csv.DictReader 对象用于以字典方式从 CSV 文件中读取数据，字典中键为标题行的字段名，值是当前行中对应的数据。其使用格式为：

```
csv.DictReader(csvfile,fieldnames = None,restkey = None,restval = None,dialect = 'excel',\
 * args, * * kwds)
```

其中，csvfile 是文件对象；fieldnames 用于指定字段名，如果没有指定，则第一行为字段名；restkey 和 restval 用于指定字段名和数据个数不一致时所对应的字段名和数据值；

其他参数同 csv. reader 对象。

3. csv. writer 对象

csv. writer 对象用于把列表对象中的数据按行写入 CSV 文件。其使用格式为：

```
csv.writer(csvfile,dialect = 'excel', ** fmtparams)
```

其中，csvfile 是任何支持 write()方法的对象，通常是文件对象；dialect 和 fmtparams 参数与 csv. reader 对象的相同。

4. csv. DictWriter 对象

csv. DictWriter 对象用于以字典方式把数据写入 CSV 文件。其使用格式为：

```
csv.DictWriter(csvfile,fieldnames,restval = '',extrasaction = 'raise',dialect = 'excel',\
 * args, * * kwds)
```

其中，csvfile 是文件对象；fieldnames 用于指定字段名；restval 用于指定默认数据；extrasaction 用于指定多余字段时的操作；其他参数同 writer 对象。

10.2 例题分析与解答

一、选择题

1. 打开已存在的文本文件，在原来内容的末尾添加信息，打开文件的合适方式为_____。

 A. 'r'   B. 'w'   C. 'a'   D. 'w+'

分析：'r'只允许读取，'w'以覆盖方式写，'a'追加方式写，'w+'允许写和读。所以选 C 选项。

答案：C

2. 下列_____方式打开文件，若文件不存在，则文件打开失败，程序会报错。

 A. 'r'   B. 'w'   C. 'a'   D. 'w+'

分析：读文件时要求文件必须存在，否则会出错；而写文件时，如果文件不存在，则将创建文件。所以选 A 选项。

答案：A

3. 下列关于语句 f＝open('demo. txt','r')的说法中错误的是_____。

 A. demo. txt 文件必须已经存在

 B. 只能从 demo. txt 文件读数据，不能向该文件写数据

 C. 只能向 demo. txt 文件写数据，不能从该文件读数据

 D. 'r'方式是默认的文件打开方式

分析：文件打开方式是 open 函数的第 2 个参数，是一个可选参数，省略时表示默认为'r'，这是一种读文件的打开方式，要求文件必须存在，否则会出错。所以选 C 选项。

答案：C

4. 下列程序的输出结果是_____。

```
#1. f = open("E:\\out.txt","w + ")
#2. f.write("Python")
```

```
#3. f.seek(0)
#4. c = f.read(2)
#5. print(c)
#6. f.close()
```

A. Pyth   B. Python   C. Py   D. th

分析：这段程序的作用是以允许读写的方式打开 E 盘上的 out. txt 文件,写入字符串 "Python",然后文件指针回到最前面,读入两个字符给变量 c,输出 c 的内容,最后关闭文件。所以选 C 选项。

答案：C

5. 下列语句的作用是_____。

```
#1. >>> import os
#2. >>> os.mkdir("d:\\aaa")
```

A. 在 D 盘当前文件夹下建立 aaa 文件

B. 在 D 盘根文件夹下建立 aaa 文件

C. 在 D 盘当前文件夹下建立 aaa 文件夹

D. 在 D 盘根文件夹下建立 aaa 文件夹

分析：os 模块中的 mkdir 方法可以创建子文件夹,当省略路径时是建立在当前文件夹下,否则就是按照指定路径创建文件夹。所以选 D 选项。

答案：D

6. 关于 CSV 文件的描述,以下选项中错误的是_____。

A. CSV 文件的每一行是一维数据,可以使用 Python 中的列表类型表示

B. CSV 文件通过多种编码表示字符

C. 整个 CSV 文件是一个二维数据

D. CSV 文件格式是一种通用的文件格式,应用于程序之间转移表格数据

分析：CSV 是一种以逗号作为分隔符的文本文件格式,其中第一行用于说明字段名,每个字段名之间用逗号隔开;后面的每一行代表一条记录,存储的是字段值,每个字段存储的数据与第一行中的字段名按位置对应,数据之间也是用逗号分隔;这是一种二维表的特殊表达方式,可以存储表格数据,要求按某一种编码格式存储字符。所以选 B 选项。

答案：B

7. 有一个文件记录了 1000 个人的高考成绩总分,每一行信息长度是 20 字节,要想只读取最后 10 行的内容,不可能用到的函数是_____。

A. seek()   B. open()   C. read()   D. readline()

分析：首先必须用 open() 函数打开文件,然后需要进行文件的定位,通过 seek() 函数可以实现定位,读取文本文件使用 read() 读指定字节长度的内容,默认读取整个文件的内容。readline() 可以把一整行内容读入进来,包括行尾的标记符。由于不知道行尾标记的长度,所以应该使用 readline 读取内容。所以选 C 选项。

答案：C

8. 以下程序的功能是_____。

```
#1. s = "What\'s a package, project, or release?We use a number of terms to describe software
```

available on PyPI, like project, release, file, and package. Sometimes those terms are confusing because they\'re used to describe different things in other contexts. Here's how we use them on PyPI:A project on PyPI is the name of a collection of releases and files, and information about them. Projects on PyPI are made and shared by other members of the Python community so that you can use them. A release on PyPI is a specific version of a project. For example, the requests project has many releases, like requests 2.10 and requests 1.2.1. A release consists of one or more files. A file, also known as a package, on PyPI is something that you can download and install. Because of different hardware, operating systems, and file formats, a release may have several files (packages), like an archive containing source code or a binary wheel."

```
#2.  s = s.lower()
#3.  for ch in '\',?.:()':
#4.      s = s.replace(ch," ")
#5.  words = s.split()
#6.  counts = {}
#7.  for word in words:
#8.      counts[word] = counts.get(word,0) + 1
#9.  items = list(counts.items())
#10. items.sort(key = lambda x:x[1],reverse = True)
#11. fo = open("wordnum.txt","w",encoding = "utf - 8")
#12. for i in range(10):
#13.     word,count = items[i]
#14.     fo.writelines( word + ":" + str(count) + "\n")
#15. fo.close()
```

A. 统计字符串 s 中所有单词的出现次数,将单词和次数写入 wordnum.txt 文件

B. 统计字符串 s 中所有字母的出现次数,将单词和次数写入 wordnum.txt 文件

C. 统计输出字符串 s 中前 10 个字母的出现次数,将单词和次数写入 wordnum.txt 文件

D. 统计字符串 s 中前 10 个高频单词的出现次数,将单词和次数写入 wordnum.txt 文件

分析:代码第 2 行首先把字符串改成小写,目的是统一大小写字母;然后第 3、4 行把标点符号都替换为空格,接着第 5 行把 s 中以空格隔开的单词放进列表 words 中;然后第 7、8 行对 words 中出现的所有单词进行计数,结果存放在字典 counts 中,该字典中键为 words 中出现过的单词,值为该单词的出现次数;接着第 9 行将字典的每一项转成元组存在列表 items 中,列表的元素是一个元组,由一对键和值构成;第 10 行将 items 列表中的数据按照元组中的值倒序排列;第 11 行是以写入方式打开文件 wordnum.txt,第 12~14 行把前 10 个元组的内容按"单词:次数"的格式写入文件,最后关闭文件。所以选 D 选项。

答案:D

9. 执行如下代码:

```
#1.  fname = input("请输入要写入的文件: ")
#2.  fo = open(fname, "w + ")
#3.  ls = ["春眠不觉晓,","处处闻啼鸟.","夜来风雨声,","花落知多少."]
#4.  fo.writelines(ls)
#5.  fo.seek(0)
#6.  for line in fo:
#7.      print(line)
#8.  fo.close()
```

以下选项中描述错误的是_____。

A. fo. writelines(ls)将元素全为字符串的 ls 列表写入文件

B. fo. seek(0)这行代码如果省略,也能打印输出文件内容

C. 代码主要功能为向文件写入一个列表类型,并打印输出结果

D. 执行代码时,从键盘输入"春晓. txt",则春晓. txt 被创建

分析:本题是以可读写的方式打开指定的文件,文件名是从键盘输入指定,接着将列表 ls 中的 4 句诗歌写入文件,然后第 5 行令文件指针回到文件开头,接着把文件内容全部读取出来。如果代码中缺少了 fo. seek(0),那么文件指针将在当前处,也就是文件尾,如果此时打印文件,将无法打印出全部内容。所以选 B 选项。

答案:B

二、填空题

1. 下列程序的输出结果是_____。

```
#1. f = open("f.txt","w")
#2. f.writelines(['Python programming.'])
#3. f.close()
#4. f = open("f.txt","rb")
#5. f.seek(10,1)
#6. print(f.tell())
```

分析:这段程序的作用是先以写的方式打开 f. txt 文件,写入字符串"Python Programming. ",然后关闭文件后重新用读二进制文件的方式打开文件,从当前位置处将文件指针往后移 10 个字节,输出此时的文件指针位置。因为重新打开文件时文件指针位于最前面,所以文件位置为 10。

答案:10

2. 若文本文件 a. txt 中的内容如下:

```
abcdef
123456
```

则下列程序的执行结果是_____。

```
#1. f = open("a.txt","r")
#2. s = f.readline()
#3. s1 = list(s)
#4. print(s1);
```

分析:readline()方法的作用是从文件中读出一行,包括换行符在内,因此 s 的内容是 "abcdef\n",转换成的列表则是由字符元素构成的列表。

答案:['a','b','c','d','e','f','\n']

3. 以下程序输出到文件 text. csv 里的结果是_____。

```
#1. fo = open("text.csv",'w')
#2. x = [90,87,93]
#3. z = []
#4. for y in x:
```

```
#5.        z.append(str(y))
#6. fo.write(",".join(z))
#7. fo.close()
```

分析：这段代码是以覆盖写的方式打开文件 text.csv,然后依次把 x 中的元素转换为字符串后,添加到列表 z 中,再用逗号(,)把所有元素连接起来构成一个长字符串,写入文件中,因此文件中的内容是"90,87,93"。

答案：90,87,93

4. 文件 dat.txt 里的内容如下:

```
QQ&Wechat
Google & Baidu
```

以下程序的输出结果是_____。

```
#1. fo = open("dat.txt",'r')
#2. fo.seek(2)
#3. print(fo.read(8))
#4. fo.close()
```

分析：这段代码是以只读方式打开文件 dat.txt,然后把文件指针从最前面开始跳过 2 字节,接着读取 8 个字符并输出其内容,最后关闭文件。所以输出的内容是"&Wechat"。

答案：&Wechat

10.3 测 试 题

一、选择题

1. 在读写文件前,用于创建文件对象的函数是_____。

A. open   B. create   C. file   D. folder

2. Python 语言可以处理的文件类型是_____。

A. 文本文件和二进制文件   B. 文本文件和数据文件

C. 数据文件和二进制文件   D. 以上答案都不对

3. 若用 open()函数打开一个文本文件,文件不存在则创建,存在则完全覆盖,该文件的打开方式是_____。

A. "r"   B. "x"   C. "w"   D. "a"

4. 要对 E 盘 myfile 目录下的文本文件 abc.txt 进行读操作,则文件打开方式应为_____。

A. open("e:\\myfile\\abc.txt","r")

B. open("e:\\myfile\\abc.txt","x")

C. open("e:\\myfile\\abc.txt","rb")

D. open("e:\\myfile\\abc.txt","r+")

5. 下列_____不是 Python 中对文件的操作方法。

A. write()   B. next()   C. writelines()   D. seek()

6. 使用语句 f＝open("addrbook.txt","r")打开的文件位置应在_____。

A. C盘根目录下   B. D盘根目录下

C. Python安装目录下   D. 与源文件在相同的目录下

7. 若f是文本文件对象,则下列读取一行内容的语句是_____。

A. f.read()   B. f.read(200)

C. f.readline()   D. f.readlines()

8. 关于Python文件的'＋'打开模式,以下选项正确的描述是_____。

A. 追加写模式

B. 与r/w/a/x一同使用,在原功能基础上增加同时读写功能

C. 只读模式

D. 覆盖写模式

9. 关于以下代码的描述,错误的选项是_____。

```
#1. with open('abc.txt','r＋') as f:
#2.     lines = f.readlines()
#3. for item in lines:
#4.     print(item)
```

A. 执行代码后,abc.txt文件未关闭,必须通过close()函数关闭

B. 打印输出abc.txt文件内容

C. item是字符串类型

D. lines是列表类型

10. 以下程序输出到文件text.csv里的结果是_____。

```
#1. fo = open("text.csv",'w')
#2. x = [90,87,93]
#3. fo.write(",".join(str(x)))
#4. fo.close()
```

A. [90,87,93]   B. 90,87,93

C. ,9,0,,, ,8,7,,, ,9,3,   D. [,9,0,,, ,8,7,,, ,9,3,]

11. 以下关于文件的描述,正确的是_____。

A. 二进制文件和文本文件的操作步骤都是"打开-操作-关闭"

B. open()打开文件之后,文件的内容并没有在内存中

C. open()只能打开一个已经存在的文件

D. 文件读写之后,要调用close()才能确保文件被保存在磁盘中了

12. 以下关于文件的描述,错误的是_____。

A. readlines()函数读入文件内容后返回一个列表,元素划分依据是文本文件中的换行符

B. read()一次性读入文本文件的全部内容后,返回一个字符串

C. readline()函数读入文本文件的一行,返回一个字符串

D. 二进制文件和文本文件都是可以用文本编辑器编辑的文件

13. Python 中文件读取方法 read(size)的含义是_____。

A. 从头到尾读取文件所有内容

B. 从文件中读取一行数据

C. 从文件中读取多行数据

D. 从文件中读取指定 size 大小的数据,如果 size 为负数或者空,则读取到文件结束

14. 以下选项中,对文件的描述错误的是_____。

A. 文件中可以包含任何数据内容

B. 文本文件和二进制文件都是文件

C. 文本文件不能用二进制文件方式读入

D. 文件是一个存储在辅助存储器上的数据序列

15. 设 city.csv 文件内容如下:

> 巴哈马,巴林,孟加拉国,巴巴多斯
> 白俄罗斯,比利时,伯利兹

下面代码的执行结果是_____。

```
#1. f = open("city.csv", "r")
#2. ls = f.read().split(",")
#3. f.close()
#4. print(ls)
```

A. ['巴哈马', '巴林', '孟加拉国', '巴巴多斯\n白俄罗斯', '比利时', '伯利兹']

B. ['巴哈马,巴林,孟加拉国,巴巴多斯,白俄罗斯,比利时,伯利兹']

C. ['巴哈马', '巴林', '孟加拉国', '巴巴多斯', '\n', '白俄罗斯', '比利时', '伯利兹']

D. ['巴哈马', '巴林', '孟加拉国', '巴巴多斯', '白俄罗斯', '比利时', '伯利兹']

16. 能实现将一维数据写入 CSV 文件中的是_____。

A. #1. fo＝open("price2016bj.csv", "w")

　　#2. ls＝['AAA', 'BBB', 'CCC', 'DDD']

　　#3. fo.write(",".join(ls)＋ "\n")

　　#4. fo.close()

B. #1. fo＝open("price2016.csv", "w")

　　#2. ls＝[]

　　#3. for line in fo:

　　#4. 　　line＝line.replace("\n","")

　　#5. 　　ls.append(line.split(","))

　　#6. print(ls)

　　#7. fo.close()

C. #1. fo＝open("price2016bj.csv", "r")

　　#2. ls＝['AAA', 'BBB', 'CCC', 'DDD']

　　#3. fo.write(",".join(ls)＋ "\n")

　　#4. fo.close()

D. ＃1. fname＝input("请输入要写入的文件：")

　　＃2. fo＝open(fname，"w＋")

　　＃3. ls＝["AAA"，"BBB"，"CCC"]

　　＃4. fo. writelines(ls)

　　＃5. for line in fo：

　　＃6. print(line)

　　＃7. fo. close()

17. 文件 book. txt 在当前程序所在目录内，其内容是一段文本：book。下面代码的输出结果是_____。

```
#1. txt = open("book.txt", "r")
#2. print(txt)
#3. txt.close()
```

A. book. txt　　　　B. book　　　　C. txt　　　　D. 以上答案都不对

二、填空题

1. 使用 open("f1. txt"，"a")打开文件时，若 f1 不存在，则_____文件。

2. 文件对象的 readlines()方法是从文件中读入所有的行，将读入的内容放入一个列表中，列表中的每一个元素是文件的_____内容。

3. 文件对象的_____方法用来把缓冲区的内容写入文件，但不关闭文件。

4. os. path 模块中的_____方法用来测试指定的路径是否为文件。

三、编程题

1. 假设有一个英文文本文件，编写程序读取其内容，并将其中的大写字母转为小写字母，小写字母转为大写字母，其余不变。

2. 读取一个文本文件（不超过 30 行），每一行前面加一个行号后在屏幕上输出。行号所占宽度为 4 个字符。

3. 读取一个 Python 源程序文件，去掉其中的空行和注释，然后写入另一个文件。

4. 编写程序，将包含学生成绩的字典保存为二进制文件，然后读取其内容并显示在屏幕上。

5. 编写程序，要求用户输入一个目录和一个文件名，搜索该目录及其子目录中是否存在该文件。

10.4　实验案例

一、统计文本文件中字符的出现次数

1. 实验要求

首先利用记事本建立一个文本文件"data. txt"，里面输入各类字符。然后编写程序，统计该文件中大写字母、小写字母、数字字符以及其他字符的出现次数。编写并输入代码，保存到程序文件 Ex10-1. py 中，运行程序并观察结果。

2. 算法分析

打开文件后，可以一次把整个文件内容都读取出来，然后对字符串中的字符判断类型并计数。也可以一次只读一个字符,直至读到文件尾。

3. 完善代码

```
#1.  f = open(_____)           #打开文件
#2.  nA,na,n0,nr = 0,0,0,0                     #各类字符的个数,初始化为 0
#3.  _____                             #读取文件内容
#4.  f.close()
#5.  for ch in s:
#6.      if ch.isupper():
#7.          _____                     #累加大写字母的个数
#8.      elif _____                    #小写字母
#9.          na = na + 1
#10.     elif ch.isdigit():                   #数字
#11.         _____
#12.     else:                                #其他字符
#13.         _____
#14. print('na = ',na)
#15. print('nA = ',nA)
#16. print('n0 = ',n0)
#17. print('nr = ',nr)
```

4. 思考题

(1) 如果文件中有三行全部由字母构成的文字,请问 nr 将会输出多少? 为什么?

(2) 如果文件中总共有 4 个汉字,请问 nr 将会输出多少?

二、读取文件中的记录并输出

1. 实验要求

在文件"record.csv"中记录了如下信息:

```
name,age,score
John,20,56
Lucy,19,83
Jenny,21,74
Holly,18,93
```

其中,第一项为姓名(name),第二项为年龄(age),第三项为成绩(score)。编写程序,要求读取文件中的数据,并输出:①得分低于 60 分的学生信息;②以 J 开头的学生信息;③所有学生的总分。编写并输入代码,保存到程序文件 Ex10-2.py 中,运行程序并观察结果。

2. 算法分析

可以利用 readlines 方法读入整个文档的内容到一个列表中,列表中的每个元素是文件中一行的内容,利用字符串的 split 方法拆分 name、age 和 score 的值。

3. 完善代码

```
#1.  f = open(_____)           #打开文件
#2.  s = _____                 #读取文件内容
#3.  f.close()
#4.  name = []
```

```
#5.  age = []
#6.  score = []
#7.  sum = 0
#8.  for i in range(_____):          #列表长度
#9.       x = _____                   #分离一行中的各个数据
#10.      name.append(x[0])
#11.      age.append(int(x[1]))
#12.      score.append(_____)          #添加成绩
#13. print("不及格的学生有\n")
#14. for i in range(0,len(score)):
#15.      sum = _____                 #所有学生的总分
#16.      if _____                    #不及格的学生
#17.          print(name[i],age[i],score[i],"\n")
#18. print("J 开头的学生有\n")
#19. for i in range(_____):          #遍历所有学生
#20.      if _____                    #J 开头的学生
#21.          print(name[i],age[i],score[i],"\n")
#22. print("学生的总分是",sum)
```

4．思考题

（1）字符串拆分后生成的列表中存储的数据类型是什么？

（2）如果 score 列表中的数据不转成整数将会怎样？

三、用 csv 模块读写文件记录

1．实验要求

编写程序，要求用 reader 对象读取文件 score.csv 中的数据，并按照成绩从高到低的顺序用 writer 对象将记录重新写入文件 score.csv 中，同时也把这些信息输出到屏幕上。编写并输入代码，保存到程序文件 Ex10-3.py 中，运行程序并观察结果。

2．算法分析

reader 对象是一个可迭代对象，不是列表对象，不能用索引号来访问，但是可以通过 next 函数访问下一个元素。可迭代对象一旦被访问，后面就无法再次访问，除非再次重新生成可迭代对象。为了能够多次访问数据，可以考虑将可迭代对象转成列表来处理。

CSV 文件中的第一行通常是标题行，记录的是字段名，不是数据记录。本程序在读出文件内容后，需要先把第一行标题行的内容单独处理，否则在排序时会对数据产生干扰。列表排序时，可以通过指定 key 参数，控制排序依据，本题的排序依据是列表的第 3 项数据，可以用 lambda 函数来指定排序依据，reverse 参数可以控制升序还是降序。

3．完善代码

```
#1.  import csv
#2.  with _____                        #打开文件
#3.       reader = csv.reader(f)
#4.       header = _____               #第一行标题行
#5.       data = list(reader)
#6.  data.sort(_____)                  #按指定格式排序
#7.  with open("score.csv","w") as f:
#8.       writer = csv.writer(f)
#9.       _____                         #标题行写入文件
```

```
#10.     for row in data:
#11.         _____                    #数据写入文件
#12.         print(row)
```

4. 思考题

(1) 文件中读到的数据类型是什么类型？每一行记录的第 3 项数据,也就是成绩,应该采用什么类型的数据？在排序时,成绩如果不转换为整数,会不会对成绩高低产生影响？

(2) 本题中使用 with 结构打开文件,有什么好处？为什么代码中没有出现关闭文件的语句？

四、建立并读取学生信息文件

1. 实验要求

从键盘输入一些学生信息,包括学号、姓名、性别和年龄。用 pickle 方式存入 student.dat 文件中,然后再将所有人的信息读出来,并按照学号从小到大显示,一行显示一个人的信息。编写并输入代码,保存到程序文件 Ex10-4.py 中,运行程序并观察结果。

2. 算法分析

因为未知学生人数,因此以输入学号为负数结束输入。将输入的学生信息组成一个元组并写入数据文件,再从文件中将记录读出来放入一个列表中,并排序。

3. 完善程序

```
#1.  import pickle
#2.  with open("student.dat","wb") as f:              #打开文件
#3.      while True:
#4.          id = int(input("请输入学号:"))
#5.          if id < 0:                                #学号为负数结束输入
#6.              _____
#7.          name = input("请输入姓名:")
#8.          sex = input("请输入性别:")
#9.          age = int(input("请输入年龄:"))
#10.         print(" ***************** ")
#11.         record = (id,name,sex,age)
#12.         try:
#13.             _____                     #记录写入文件
#14.         except:
#15.             print("写入文件异常!")
#16. with open("student.dat","rb") as f:              #打开文件
#17.     result = []
#18.     try:
#19.         while True:
#20.             record = _____            #读记录
#21.             result.append(record)                #记录写入 result 列表
#22.     except EOFError:
#23.         _____                         #关闭文件
#24. result = _____                        #排序
#25. print("学号","姓名","性别","年龄")
#26. for record in result:
#27.     print(" %3d %4s %4s %4d" %(record[0],record[1],record[2],record[3]))
```

4. 调试程序

运行程序,输入如下 3 条学生信息,并以学号-1 结束,则程序输出结果如下。

```
请输入学号:34
请输入姓名:张三
请输入性别:男
请输入年龄:20
****************
请输入学号:30
请输入姓名:李四
请输入性别:女
请输入年龄:19
****************
请输入学号:40
请输入姓名:王五
请输入性别:男
请输入年龄:19
****************
请输入学号:-1
学号 姓名 性别 年龄
 30  李四  女  19
 34  张三  男  20
 40  王五  男  19
>>>
```

第11章　Python扩展库

11.1　知　识　要　点

11.1.1　扩展库/第三方库概述

根据来源的不同,一般把 Python 内置的库称为标准库,其他库称为扩展库(或第三方库)。标准库在安装完 Python 解释器后,就存在用户的计算机中了,只要用正确的步骤和方法就可以调用标准库中的常量和函数。而默认情况下,扩展库需要经过安装后,才能出现在用户的计算机中。用户通过调用库中的函数,可以降低代码编写的复杂度。

1. 安装扩展库

安装扩展库主要有以下三种方法。

1) pip 工具

包管理工具 pip 是 Python 中最常用且高效的扩展库安装工具,它是由官方提供并维护的。用户在安装 Python 解释器时,应该勾选 Add Python 3.5 to PATH 复选框来安装包管理工具 pip。

pip 工具需要在 Windows 的命令提示符窗口下使用,而非在 Python 的 Python Shell 或 IDLE 中使用。

pip 命令的基本格式如下。

```
pip < command > [ options ]
```

2) 自定义安装

自定义安装是指按照扩展库提供方提供的步骤和方式安装。当无法使用 pip 安装扩展库时,可以自定义安装。

3) 文件安装

由于 Python 某些扩展库仅提供源代码,这些库使用 pip 下载后无法在 Windows 系统编译安装,此时,可以到美国加州大学提供的网页 http://www.lfd.uci.edu/~gohlke/

pythonlibs/上,搜索并获得 Windows 可直接安装的第三方库文件。

下载后使用 pip 命令的安装子命令进行安装,格式如下。

```
pip install <文件名>
```

2. 引用第三方库

第三方库必须在安装后才能引用。引用的方法与引用标准库的方法相同,参见 1.1.7
节。引用第三方库的三种方法如下。

```
方式1: import 模块1[as 别名1][, 模块2[ as 别名2][, … 模块N[as 别名N]]]
方式2: from 模块 import 函数名1 [as 别名1][, … 函数名N [as 别名N]]
方式3: from 模块 import *
```

方式 1 在使用库中的函数时,必须在前面加模块名前缀或模块别名;方式 2 和方式 3
在使用库中的函数时可不加模块名。

11.1.2　math 库

math 库是 Python 提供的数学类标准库,不支持复数类型。math 库一共提供了 4 个数
学常数和 44 个函数。其中,44 个函数共分为 4 类,包括:16 个数值表示函数、8 个幂对数函
数、16 个三角双曲函数和 4 个高等特殊函数。

math 库中 4 个数学常数如表 11-1 所示。

表 11-1　math 库的 4 个数学常数

常　　数	数 学 表 示	描　　述
math. pi	π	圆周率,值为 3. 141 592 653 589 793
math. e	e	自然对数,值为 2. 718 281 828 459 045
math. inf	∞	正无穷大,负无穷大为-math. inf
math. nan		非浮点数标记,NaN(Not a Number)

math 库中 16 个数值表示函数如表 11-2 所示。

表 11-2　math 库的 16 个数值表示函数

函　　数	数 学 表 示	描　　述
math. fabs(x)	$\|x\|$	返回 x 的绝对值
math. fmod(x, y)	x % y	返回 x 与 y 的模
math. fsum([x,y,…])	$x+y+…$	浮点数精确求和
math. ceil(x)	x	向上取整,返回不小于 x 的最小整数
math. floor(x)	x	向下取整,返回不大于 x 的最大整数
math. factorial(x)	x!	返回 x 的阶乘,如果 x 是小数或负数,返回 ValueError 出错
math. gcd(a, b)		返回 a 与 b 的最大公约数
math. frexp(x)	$x=m * 2^e$	返回满足 $x=m * 2^e$ 的(m, e),当 x=0,返回(0.0, 0)
math. ldexp(x, i)	$x * 2^i$	返回 x * 2^i 运算值,math. frepx(x)函数的反运算
math. modf(x)		返回浮点数 x 的小数和整数部分

续表

函　　数	数 学 表 示	描　　述
math.trunc(x)		返回浮点数 x 的整数部分
math.copysign(x,y)	|x| * |y|/y	用数值 y 的正负号替换数值 x 的正负号
math.isclose(a,b)		比较 a 和 b 的相似性,返回 True 或 False
math.isfinite(x)		当 x 为无穷大或 math.nan,返回 True;否则,返回 False
math.isinf(x)		当 x 为正数或负数无穷大,返回 True;否则,返回 False
math.isnan(x)		当 x 是 math.nan,返回 True;否则,返回 False

math 库中 8 个幂对数函数如表 11-3 所示。

表 11-3　math 库的 8 个幂对数函数

函　　数	数 学 表 示	描　　述
math.pow(x,y)	x^y	返回 x 的 y 次幂
math.exp(x)	e^x	返回 e 的 x 次幂,e 是自然对数
math.expml(x)	e^x-1	返回 e 的 x 次幂减 1
math.sqrt(x)	$\sqrt{x}$	返回 x 的平方根
math.log(x[,base])	$\log_{base} x$	返回 x 的 base 对数值
math.log1p(x)	$\ln(1+x)$	返回 1+x 的自然对数值
math.log2(x)	$\log x$	返回 x 的以 2 为底的对数值
math.log10(x)	$\log_{10} x$	返回 x 的以 10 为底的对数值

math 库中 16 个三角双曲函数如表 11-4 所示。

表 11-4　math 库的 16 个三角双曲函数

函　　数	数 学 表 示	描　　述
math.degree(x)		角度 x 的弧度值转角度值
math.radians(x)		角度 x 的角度值转弧度值
math.hypot(x,y)	$\sqrt{(x^2+y^2)}$	返回(x,y)坐标到原点(0,0)的距离
math.sin(x)	sin x	返回 x 的正弦函数值,x 是弧度值
math.cos(x)	cos x	返回 x 的余弦函数值,x 是弧度值
math.tan(x)	tan x	返回 x 的正切函数值,x 是弧度值
math.asin(x)	arcsin x	返回 x 的反正弦函数值,x 是弧度值
math.acos(x)	arccos x	返回 x 的反余弦函数值,x 是弧度值
math.atan(x)	arctan x	返回 x 的反正切函数值,x 是弧度值
math.atan2(y,x)	arctan y/x	返回 y/x 的反正切函数值,y/x 是弧度值,不等价于 math.atan(y/x),要考虑 y 和 x 的符号
math.sinh(x)	sinh x	返回 x 的双曲正弦函数值
math.cosh(x)	cosh x	返回 x 的双曲余弦函数值
math.tanh(x)	tanh x	返回 x 的双曲正切函数值
math.asinh(x)	arcsinh x	返回 x 的反双曲正弦函数值
math.acosh(x)	arccosh x	返回 x 的反双曲余弦函数值
math.atanh(x)	arctanh x	返回 x 的反双曲正切函数值

math 库中 4 个高等特殊函数如表 11-5 所示。

表 11-5 math 库的 4 个高等特殊函数

函　　数	数学表示	描　　述
math.erf(x)	$\dfrac{2}{\sqrt{\pi}}\displaystyle\int_0^x e^{-t^2}\,dt$	高斯误差函数，应用于概率论、统计学等领域
math.erfc(x)	$\dfrac{2}{\sqrt{\pi}}\displaystyle\int_x^\infty e^{-t^2}\,dt$	余补高斯误差函数，math.erfc(x)＝1－math.erf(x)
math.gamma(x)	$\displaystyle\int_0^\infty e^{t-1}e^{-x}\,dx$	伽玛(Gamma)函数，也叫欧拉第二积分函数
math.lgamma(x)	ln(gamma(x))	伽玛函数的自然对数

11.1.3 random 库

随机数在计算机应用中十分常见，Python 的标准库 random 主要用于产生各种分布的伪随机数序列。random 库采用梅森旋转算法(Mersenne twister)生成伪随机数序列，可用于除随机性要求更高的加解密算法外的大多数工程应用。

使用 random 库主要目的是生成随机数，因此，读者只需要查阅该库的随机数生成函数，找到符合使用场景的函数使用即可。这个库提供了不同类型的随机数函数，所有函数都是基于最基本的 random.random()函数扩展而来。

random 库包含两类函数：基本随机函数和扩展随机函数。其中，基本随机函数包括 seed()和 random()，扩展随机函数共 7 个，包括 randint()、getrandbits()、uniform()、randrange()、choice()、shuffle()和 sample()。

基本随机函数如表 11-6 所示。

表 11-6 基本随机函数

函　　数	描　　述
seed(a＝None)	初始化随机数种子，默认值为当前系统时间
random()	生成一个[0.0,1.0)的随机小数

扩展随机函数如表 11-7 所示。

表 11-7 扩展随机函数

函　　数	描　　述
randint(a,b)	生成一个范围为[a,b]的整数
getrandbits(k)	生成一个 k 比特长度的随机整数
randrange(start,stop [,step])	生成一个范围为[start, stop)以 step 为步数的随机整数
uniform(a,b)	生成一个范围为[a, b]的随机小数
choice(seq)	从序列类型(例如：列表)中随机返回一个元素
shuffle(seq)	将序列类型中元素随机排列，返回打乱后的序列
sample(pop,k)	从序列类型 pop 中随机选取 k 个元素，以列表类型返回

11.1.4 time 和 datetime 库

Python 能用很多方式处理日期和时间,例如,Python 标准库中的 time、calendar、datetime、pytz、dateutil 以及一些第三方库。这里介绍两种最常用的日期时间库 time 和 datetime。

1. time 库

time 模块中时间表现的格式主要有以下三种。

1) timestamp 时间戳

时间戳(timestamp)指的是从 1970 年 1 月 1 日 00:00:00 开始按秒计算的偏移量。Python 的 time 模块下的函数 time.time()用于获取当前时间戳,其命令格式如下。

```
时间戳对象名 = time.time()
```

2) struct_time 时间元组

time 中的 time()函数,其返回的是时间戳,即自 1970 年 1 月 1 日午夜 0 点开始,到当前时刻共经过了多少秒,这种表达形式是用户不易识别的形式,但是 Python 就是这样计算时间的。人很难一眼就看懂时间戳,但是计算机可以将它转换成人可识别的形式,这种形式就是时间元组(struct_time)。例如,将时间戳传递给 time.localtime()函数,其返回一个 struct_time 元组。

时间元组通常用 9 组数字来处理时间,其中的元素依次表示的是:年、月、日、时、分、秒、星期、一年中的第几天、是否为夏令时(1:夏令时,0:非夏令时,−1:未知,默认:−1)。其详细的元素结构说明如表 11-8 所示。

表 11-8　时间元组的元素结构说明

属　　性	值
tm_year	年
tm_mon	月。值为 1~12
tm_mday	日。值为 1~31
tm_hour	小时。值为 0~23
tm_min	分。值为 0~59
tm_sec	秒。值为 0~61(60 或 61 是闰秒)
tm_wday	星期。值为 0~6(0 是周一)
tm_yday	一年中的第几天。值为 1~366(闰年)
tm_isdst	是否为夏令时。1:夏令时,0:非夏令时,−1:未知,默认:−1

3) 格式化时间

在实际开发过程中,经常会被要求使用某种可读性更好的日期或者时间,这时候就可以将时间元组转换为某种固定的或是自定义的格式。例如,可以使用函数 time.asctime()将时间元组转换生成固定格式的时间表示格式,其命令格式如下。

```
格式 1:time.asctime( time.localtime(time.time()) )
格式 2:time.asctime()
```

对于一些要求自定义格式的时间,可以使用 time. strftime()函数来格式化日期,其命令格式如下。

```
time.strftime(format[, t])
```

其中,参数 t 是时间元组,format 为格式化字符串,函数返回以 format 格式决定的字符串所表示的当地时间。

这里的时间日期格式化类似于字符串的格式化,Python 中的时间日期格式化符号及含义如表 11-9 所示。

表 11-9　时间日期格式化符号

格　式	含　义
%y	两位数的年份表示(00～99)
%Y	四位数的年份表示(0000～9999)
%m	月份(01～12)
%d	月内中的一天(0～31)
%H	24 小时制小时数(0～23)
%I	12 小时制小时数(01～12)
%M	分钟数(00～59)
%S	秒(00～59)
%a	本地简化星期名称
%A	本地完整星期名称
%b	本地简化的月份名称
%B	本地完整的月份名称
%c	本地相应的日期表示和时间表示
%j	年内的一天(001～366)
%p	本地 A. M. 或 P. M. 的等价符
%U	一年中的星期数(00～53),星期天为星期的开始
%w	星期(0～6),星期天为星期的开始
%W	一年中的星期数(00～53),星期一为星期的开始
%x	本地相应的日期表示
%X	本地相应的时间表示
%Z	当前时区的名称
%%	%号本身

time 模块包含大量的内置函数,既有处理时间的,也有转换时间格式的,用户可根据处理问题的需要做出选择,其内置函数如表 11-10 所示。

表 11-10　time 模块常用函数

函　数	描　述
time. altzone()	返回格林威治西部的夏令时地区的偏移秒数。如果该地区在格林威治东部会返回负值(如西欧,包括英国)。对夏令时启用地区才能使用
time. asctime([tupletime])	接收时间元组并返回一个可读的形式为"Tue Dec 11 18:07:14 2008"(2008 年 12 月 11 日 周二 18 时 07 分 14 秒)的 24 个字符的字符串

续表

函　　　数	描　　　述
time. clock()	用以浮点数计算的秒数返回当前的 CPU 时间。用来衡量不同程序的耗时,比 time. time()更有用
time. ctime([secs])	作用相当于 asctime(localtime(secs)),未给参数相当于 asctime()
time. gmtime([secs])	接收时间戳(1970 纪元后经过的浮点秒数)并返回格林威治天文时间下的时间元组 t。注: t. tm_isdst 始终为 0
time. localtime([secs])	接收时间戳(1970 纪元后经过的浮点秒数)并返回当地时间下的时间元组 t(t. tm_isdst 可取 0 或 1,取决于当地当时是不是夏令时)
time. mktime(tupletime)	接收时间元组并返回时间戳(1970 纪元后经过的浮点秒数)
time. sleep(secs)	推迟调用线程的运行,secs 指秒数
time. strftime(fmt[,tupletime])	接收时间元组,并返回以可读字符串表示的当地时间,格式由 fmt 决定
time. strptime(str,fmt='%a % b %d %H:%M:%S %Y')	根据 fmt 的格式把一个时间字符串解析为时间元组
time. time()	返回当前时间的时间戳(1970 纪元后经过的浮点秒数)
time. tzset()	根据环境变量 TZ 重新初始化时间相关设置

此外,time 模块还提供了两个重要的属性,如表 11-11 所示。

表 11-11　time 模块属性

属　　　性	及　描　述
time. timezone	属性 time. timezone 是当地时区(未启动夏令时)距离格林威治的偏移秒数(>0,美洲;≤0 大部分欧洲,亚洲,非洲)
time. tzname	属性 time. tzname 包含一对根据情况的不同而不同的字符串,分别是带夏令时的本地时区名称,以及不带的

2. datetime 库

datetime 模块基于 time 进行了封装,提供更多实用函数。datetime 模块提供了处理日期和时间的类,既有简单的方式,又有复杂的方式。它虽然支持日期和时间算法,但其实现的重点是为输出格式化和操作提供高效的属性提取功能。

datetime 模块定义了两个常量和 5 个类。两个常量分别是 MINYEAR 和 MAXYEAR,分别表示 datetime 所能表示的最小、最大年份。其中,MINYEAR=1,MAXYEAR=9999。

datetime 模块的 5 个类分别如下。

(1) date 类:表示日期的类。

(2) time 类:表示时间的类。

(3) datetime 类:表示时间日期的类。

(4) timedelta 类:表示两个 datetime 对象的差值。

(5) tzinfo 类:表示时区的相关信息。

在实际实用中,用得比较多的是 datetime. datetime 和 datetime. timedelta,另外两个 datetime. date 和 datetime. time 实际使用和 datetime. datetime 并无太大差别。下面主要介绍 datetime. datetime 的使用。

datetime 类的构造函数格式如下。

```
datetime.datetime(year, month, day[, hour[, minute[, second[, microsecond[, tzinfo]]]]])
```

各参数表示日期和时间,其中,tzinfo 表示与时区有关的相关信息。

datetime 类定义的常用类属性与方法如下。

```
datetime.min、datetime.max: datetime 所能表示的最小值与最大值。
datetime.resolution: datetime 最小单位。
datetime.today(): 返回一个表示当前本地时间的 datetime 对象。
datetime.now([tz]): 返回一个表示当前本地时间的 datetime 对象,如果提供了参数 tz,则获取 tz
参数所指时区的本地时间。
datetime.utcnow(): 返回一个当前 utc 时间的 datetime 对象。
datetime.fromtimestamp(timestamp[, tz]): 根据时间戳创建一个 datetime 对象,参数 tz 指定时区
信息。
datetime.utcfromtimestamp(timestamp): 根据时间戳创建一个 datetime 对象。
datetime.combine(date, time): 根据 date 和 time,创建一个 datetime 对象。
datetime.strptime(date_string, format): 将格式字符串转换为 datetime 对象。
```

11.1.5　turtle 库

turtle 最早源自 LOGO 语言,专门用于小孩子学习编程,通过编程模拟一只海龟在画板上爬行绘制图案,后来很多高级语言都移植了海龟绘图,Python 从 2.6 之后也将 turtle 库加入其标准库中。

1. turtle 绘图的基础知识

1) 画布(canvas)

画布是绘图的工作区,turtle 中涉及画布的操作主要是设置它的大小和初始位置。设置画布宽、高和背景颜色的一个常用命令如下。

```
turtle.screensize(canvwidth = None, canvheight = None, bg = None)
```

其中,前两个参数依次对应画布的宽度和高度,单位是像素,最后一个参数是背景色。例如:turtle. screensize(800,600, "green")。上述参数也可省略,如 turtle. screensize(),默认设置为 400、300 和白色。

另一个用于设置画布大小和初始位置的命令如下。

```
turtle.setup(width = 0.5, height = 0.75, startx = None, starty = None)
```

其中,参数 width 和 height 分别表示宽和高,使用整数时单位是像素,使用小数时则表示占据计算机屏幕的比例,例如:turtle. setup(width=0.6,height=0.6)。

参数 startx 和 starty 分别表示矩形窗口左上角顶点的位置,如果为空,则窗口位于屏幕中心,例如:turtle. setup(width=800,height=800, startx=100, starty=100)。

2) 颜色体系

Python 中使用的颜色体系是 RGB 模型,可以有整数模式和小数模式两种用法。常用

的颜色对应关系如表 11-12 所示。

表 11-12　常用颜色的 RGB 模型表示

英 文 名 称	RGB 整数值	RGB 小数值	中 文 名 称
white	255，255，255	1，1，1	白色
yellow	255，255，0	1，1，0	黄色
megenta	255，0，255	1，0，1	洋红
cyan	0，255，255	0，1，1	青色
blue	0，0，255	0，0，1	蓝色
black	0，0，0	0，0，0	黑色
seashell	255，245，238	1，0.96，0.93	海贝色
gold	255，215，0	1，0.84，0	金色
pink	255，192，203	1，0.75，0.80	粉色
brown	165，42，42	0.65，0.16，0.16	棕色
purple	160，32，240	0.63，0.13，0.94	紫色
tomato	255，99，71	1，0.39，0.28	番茄色

在颜色的整数模式和小数模式之间可以切换，使用的命令格式如下。

```
turtle.colormode(mode)
```

其中，mode 的取值为 255 时使用整数模式，取值为 1 时使用小数模式，默认为小数模式。

3）画笔

画笔就是绘图的小海龟。画笔的形态有多种形式，控制画笔形状的命令格式如下。

```
turtle.shape(shape = None)
```

turtle 提供的 shape 取值如表 11-13 所示。

表 11-13　画笔的形状取值

参 数 值	形 状	参 数 值	形 状
arrow	▶	square	■
turtle	✹	triangle	▶
circle	●	classic	➤

例如，turtle.shape("turtle")可以将画笔设置为小海龟形状。画笔的默认形状为经典形状，即 classic。

上述画笔形状是 turtle 自身提供的，如果希望设定自己的画笔形状，可将画笔形状改成自定义的任何样式，也可以通过以下方式来实现。

```
Step1 turtle.begin_poly()              # 开始绘制
Step2 绘制自定义指针(具体绘制过程省略)
Step3 turtle.end_poly()                # 结束绘制
Step4 poly = turtle.get_poly()         # 获取绘制
Step5 turtle.register_shape('name', ploy)   # 注册一个名为 name 的 shape
```

```
Step6 newPoint = turtle.Pen()                    # 初始化一只新小海龟
Step7 newPoint.shape('name')                     # 让这只小海龟使用名为 name 的 shape
```

当不希望出现画笔时,可以使用如下命令隐藏画笔。

```
turtle.hideturtle()
```

4）坐标系

画布的空间坐标系以正中心为原点,向右为 x 轴正方向,向左为 x 轴负方向;向上为 y 轴正方向,向下为 y 轴负方向。例如,图 11-1 中示范了各象限中的 5 个点的坐标值。

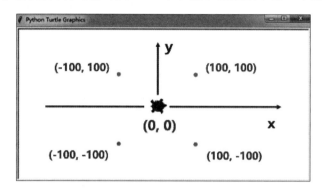

图 11-1　画布坐标系中点的位置

画布的角度坐标系与使用的模式有关。turtle 使用的模式有 standard 模式和 logo 模式。

standard 模式是按逆时针递增,以水平向右作为 0°,90°的方向是向上; logo 模式则是按顺时针递增,以垂直向上作为 0°,90°的方向是水平向右。

turtle 默认使用 standard 模式,切换角度模式的命令格式如下。

```
turtle.mode(mode = None)
```

例如,turtle. mode("logo")命令将切换到顺时针角度模式。

2. turtle 绘图的基本步骤

绘图的基本步骤为:导入 turtle 模块→设置画布→创建小海龟对象→设置画笔属性→控制海龟移动绘制图形→色彩填充等。

1）设置画布

turtle 中画布是自动生成的,默认以 400×300 的大小显示在屏幕正中央。在实际应用中可以根据需要调整画布的大小和位置,也可以改变画布的颜色。

2）创建小海龟对象

创建好画布以后,需要使用画笔来绘图,这就需要创建画笔对象,也就是小海龟对象。如果需要同时在画布上画多个图形,也可以创建多个画笔对象。创建小海龟对象的语句如下。

```
画笔对象名 = Turtle()
```

例如:

```
printer1 = Turtle()
```

3）设置画笔属性

画笔属性主要包括颜色、画线宽度、移动速度等。表 11-14 为常用画笔属性命令。

表 11-14　常用的画笔属性命令

命　　令	说　　明
turtle. pensize(width)	设置线条的粗细,默认取 1,单位是像素
turtle. pencolor(color)	设置或返回画笔颜色,可以使用颜色字符串如"green""red",也可以使用 RGB 三元组,颜色值大小取决于颜色模式。省略参数 color 时返回当前画笔颜色。例如： 参数为颜色字符串：turtle. pencolor("purple") 使用 3 个参数：turtle. pencolor(160,32,240) 使用元组参数：turtle. pencolor((0.63,0.13,0.94))
turtle. fillcolor(color)	设置或返回填充颜色,用法同 turtle. pencolor(color)方法
turtle. color(pencolor,fillcolor)	设置或返回画笔颜色和填充颜色。参数未设置时返回当前的画笔颜色和填充颜色。只设置一个参数时表示画笔颜色和填充颜色为同一种颜色
turtle. speed(speed＝None)	设置或返回画笔移动速度,速度范围是整数 0～10,0 为最快,1～10 的数字越大速度越快。省略参数 speed 时返回当前速度。 例如：turtle. speed(0) speed 也可以使用内置的速度字符串,对应如下： "fastest"：0,"fast"：10,"normal"：6,"slow"：3,"slowest"：1

4）进行绘图

操作海龟绘图的命令有很多,这些命令大致可以划分为 3 类：一类是运动命令,如小海龟的前进、后退、画圆等命令,画笔运动命令如表 11-15 所示；另一类为画笔控制命令,如换方向、不留下轨迹等命令,画笔控制命令如表 11-16～11-19 所示；还有一类是全局控制命令,如清空窗口、复制当前图形等命令,全局控制命令如表 11-20 所示。

表 11-15　常用画笔运动命令

命　　令	说　　明
turtle. forward(distance)	向当前画笔方向移动 distance 像素长度,forward 可简写为 fd
turtle. backward(distance)	向当前画笔相反方向移动 distance 像素长度,backward 可简写为 back、bk
turtle. goto(x,y＝None)	将画笔移动到坐标为 x,y 的位置,如果画笔为按下状态将画线
turtle. circle (radius, extent＝None, steps＝None)	按给定的半径画圆,当前位置为圆的初始端点。 radius 为圆半径,取正数时逆时针画,取负数时顺时针画。 extent 为一个角度,决定绘制圆圈的哪部分,默认画完整的圆。 steps 是一个整数,表示在指定半径 radius 的前提下,完成 extent 的角度分几步,例如画正五边形可用 turtle. circle(40, None, 5)
turtle. setx(x)	y 纵向坐标不变,更改 x 横向坐标
turtle. sety(y)	x 横向坐标不变,更改 y 纵向坐标
turtle. dot(size＝None, color)	绘制一个指定直径和颜色的圆点,size 未提供时取 pensize＋4 和 2 * pensize 中的最大值。color 表示圆点颜色

表 11-16 方向控制命令

命 令	说 明
turtle. right(angle)	顺时针旋转 angle 度,right 可简写为 rt
turtle. left(angle)	逆时针旋转 angle 度,left 可简写为 lt
turtle. setheading(angle)	设置当前朝向为 angle 角度,setheading 可简写为 seth
turtle. home()	将位置和方向恢复到初始状态,位置初始化为(0,0),方向向右

表 11-17 画笔控制命令

命 令	说 明
turtle. hideturtle()	隐藏画笔形状,此时只要画笔是按下状态,仍然能绘制图形
turtle. showturtle()	显示画笔形状
turtle. penup()	画笔抬起,此时移动不会绘制图形,用于另起一个地方绘制,penup 可简写为 up、pu
turtle. pendown()	画笔按下,此时移动会绘制图形,省略时也为绘制,pendown 可简写为 down、pd

表 11-18 填充命令

命 令	说 明
turtle. fillcolor(color)	返回或设置绘制图形的填充颜色
turtle. color(color1,color2)	同时设置 pencolor＝color1,fillcolor＝color2
turtle. filling()	返回当前是否在填充状态,填充状态返回 True,否则返回 False
turtle. begin_fill()	开始填充图形之前必须先调用 turtle. begin_fill()
turtle. end_fill()	填充完图形后应调用 turtle. end_fill()

表 11-19 获取小海龟状态的命令

命 令	说 明
turtle. position()	返回小海龟当前的位置坐标,position 可简写为 pos
turtle. towards(x,y＝None)	返回小海龟当前位置指向(x,y)位置连线的向量的角度
turtle. xcor()	返回小海龟的 x 坐标
turtle. ycor()	返回小海龟的 y 坐标
turtle. heading()	返回当前箭头方向角度
turtle. distance(x,y＝None)	返回当前小海龟坐标与坐标(x,y)间的距离或当前小海龟坐标与另一个小海龟坐标间的距离

表 11-20 全局控制命令

命 令	说 明
turtle. clear()	清空 turtle 窗口,保持最后的位置和属性
turtle. reset()	清空窗口,重置 turtle 状态为起始状态
turtle. done()	停留在结束界面
turtle. mainloop()	效果与 turtle. done()相同,必须作为程序的最后一句
turtle. tracer(n＝None,delay＝None)	设置或取消小海龟追踪轨迹,n 取 False 时不追踪轨迹,直接显示绘图结果;n 取 True 时要追踪绘图轨迹

命　　令	说　　明
turtle. undo()	撤销上一次动作
turtle. isvisible()	返回当前 turtle 是否可见
stamp()	复制当前图形
turtle. write(s [,font = ("font-name", font_size, "font_type")])	写文本,s 为文本内容,font 是字体参数,里面分别为字体名称,大小和类型; font 为可选项,font 参数也是可选项

11.1.6　jieba 库

1. 中文分词

英文句子是由单词组成的,一个单词有一定的含义。英文单词与单词间有空格或标点符号,要提取单词可以依据这个特征来进行处理。中文句子是由字组成的,但是构成整体含义的是词语,词语由两个及两个以上的字组成,词与词之间多数是没有空格或标点符号的。在对中文进行分析时,经常需要提取出词语,而中文分词是指将中文句子中的词语分解出来。

2. jieba 概述

jieba 是优秀的中文分词第三方库,需要通过 pip 命令额外安装。jieba 库的分词是依靠一个中文词库,将待分词的内容与词库进行比对,通过图结构和动态规划方法找到最大概率的词语。jieba 的中文词库是可以添加自定义词语的。

jieba 有三种分词模式:精确模式、全模式、搜索引擎模式。精确模式试图对语句做最精确的切分,不存在冗余词组。全模式会将语句中所有可能是词的组合都切分出来,速度很快,但是存在冗余词组。搜索引擎模式是在精确模式基础上,对长词再次切分。

3. jieba 库的分词函数

jieba 库中包含的主要函数如下。

1) 精确模式分词

分词函数的格式如下。

```
格式 1: cut(sentence, cut_all = False)
格式 2: lcut(sentence, cut_all = False)
```

若只使用第一个参数,则 cut_all 参数取默认值 False,此时对 sentence 进行精确模式分词,分解出的词语能够完整且不多余地组成原始文本。cut()函数返回一个可迭代的数据类型,lcut()函数返回一个列表。

```
>>> jieba.cut('教育部大学计算机课程教学指导委员会')
< generator object Tokenizer.cut at 0x0000021D51E0D0A0 >
>>> ciyu1 = jieba.cut('教育部大学计算机课程教学指导委员会')
>>> for cy in ciyu1:
        print(cy,end = ' ')
教育部 大学 计算机 课程 教学 指导 委员会
>>> jieba.lcut('教育部大学计算机课程教学指导委员会')
['教育部', '大学', '计算机', '课程', '教学', '指导', '委员会']
```

2）全模式分词

全模式分词函数的格式如下。

> 格式1：cut(sentence, cut_all = True)
> 格式2：lcut(sentence, cut_all = True)

指定参数cut_all为True,对sentence进行全模式分词,分解出所有可能构成词语的组合,词与词之间的字可能重叠。cut()函数返回一个可迭代的数据类型,lcut()函数返回一个列表。

```
>>> jieba.cut('教育部大学计算机课程教学指导委员会',cut_all = True)
< generator object Tokenizer.cut at 0x0000021D51E0D150 >
>>> jieba.lcut('教育部大学计算机课程教学指导委员会',cut_all = True)
['教育', '教育部', '大学', '计算', '计算机', '计算机课', '算机', '课程', '教学', '指导', '委员',
'委员会']
```

3）搜索模式分词

搜索模式分词函数的格式如下。

> 格式1：cut_for_search(sentence)
> 格式2：lcut_for_search(sentence)

对sentence进行搜索模式分词,该模式首先执行精确模式,然后再对其中的长词进一步切分。cut函数返回一个可迭代的数据类型,lcut函数返回一个列表。

```
>>> jieba.cut_for_search('教育部大学计算机课程教学指导委员会')
< generator object Tokenizer.cut_for_search at 0x0000021D51E0D0A0 >
>>> jieba.lcut_for_search('教育部大学计算机课程教学指导委员会')
['教育', '教育部', '大学', '计算', '算机', '计算机', '课程', '教学', '指导', '委员', '委员会']
```

4）向词库增加新词

前述的jieba库中的cut()、lcut()分词函数能有一定概率识别自定义的新词,比如名字或缩写。分词函数能够根据中文字符间的相关性识别出新词。对于无法识别的词语,也可以通过add_word()函数将新词增加到词库中,增加后新词就能被识别了。

```
>>> jieba.lcut('钱毅湘老师正在向黄蔚老师请教 Python 文件的相关操作')
['钱毅', '湘', '老师', '正在', '向', '黄蔚', '老师', '请教', 'Python', '文件', '的', '相关', '操作']
>>> jieba.add_word('钱毅湘')
>>> jieba.lcut('钱毅湘老师正在向黄蔚老师请教 Python 文件的相关操作')
['钱毅湘', '老师', '正在', '向', '黄蔚', '老师', '请教', 'Python', '文件', '的', '相关', '操作']
```

第一分词函数自动识别出了'黄蔚'老师的名字,但是没能识别出'钱毅湘'老师。使用add_word()函数增加新词后,就能识别出'钱毅湘'老师了。

jieba库中还有更丰富的分词功能,这涉及自然语言处理领域,本书不展开介绍。

11.1.7 wordcloud 库

1. 词云简介

词云,又称文字云、标签云,是对文本数据中出现频率较高的"关键词"在视觉上的突出呈现,形成"关键词渲染",即类似云一样的彩色图片,从而一眼就可以领略文本数据的主要表达意思,常见于博客、微博、文章分析等。

制作词云图的工具有很多,例如 Wordle、Tagxedo、Tagul、Tagcrowd 等,这些工具相对来说功能比较专一,适用范围有限。在 Python 中也可以很方便地利用第三方库 wordcloud 制作出精美的词云图来。

2. 安装 wordcloud 库

wordcloud 库是第三方库,需要通过 pip 命令额外安装。可以在命令行界面下输入"pip install wordcloud"命令进行安装,正常情况下是能够安装成功的。

如果无法安装,绝大多数都是因为 VC++ 14 没有安装补丁程序,只要安装了补丁程序,就能按照上面的方式用 pip install 安装了。

目前,微软已经不再支持 VC++ 14 的补丁更新,也很难在网上找到补丁程序,但是可以将 VC++ 14 升级到 VC++ 15,这样就能用 pip install 安装 wordcloud 库了。

升级至 VC++ 15,可以在官方网站上下载 visualcppbuildtools_full.exe 文件,运行该程序,以经典模式安装即可。

3. wordcloud 的实现原理

总的来说,wordcloud 所做的就是以下三件事。

(1) 文本预处理;

(2) 词频统计;

(3) 将高频词以图片形式进行彩色渲染。

而这三项工作在 wordcloud 中只用一个函数 wordcloud.generate(text)就能完成。

4. 中、英文词云的处理区别

在生成词云的时候,wordcloud 默认是按照空格或者某个标点符号作为分隔符来对目标文本进行分词处理。

若是英文文本可直接调用,因为原生的 wordcloud 就是为英文服务的,英文语料可以直接输入到 wordcloud 中。

但是对于中文语料,仅用 wordcloud 是不能直接生成中文词云图的,需要先用 jieba 对文本进行分词处理,然后用空格拼接成字符串,再调用 wordcloud 库函数。另外,处理中文时还需要指定中文字体,例如,将微软雅黑字体(msyh.ttc)作为显示效果,否则无法显示中文。

5. 词云图生成步骤

Step1:获取数据——读取本地文本文件。

Step2:创建词云实例,并设置好自定义参数。

Step3:基于实例和文本数据,统计词频并生成词云图。

Step4:展现已生成的词云图并存储在本地。

6. WordCloud 类介绍

wordcloud 库的核心就是 WordCloud 类,所有功能都封装到 WordCloud 类中。

1) 创建词云实例

其一般语法格式如下:

```
wc = WordCloud(font_path = None, width = 400, height = 200, margin = 2, ranks_only =
None, prefer_horizontal = 0.9, mask = None, scale = 1, color_func = None, max_words = 200,
min_font_size = 4, stopwords = None, random_state = None, background_color = 'black', max_
font_size = None, font_step = 1, mode = 'RGB', relative_scaling = 0.5, regexp = None,
collocations = True, colormap = None, normalize_plurals = True)
```

其中,wc 是词云对象。参数表中的具体说明如表 11-21 所示。

表 11-21   WordCloud 类的参数说明

参　　数	说　　明
font_path	字体路径,需要展现什么字体就把该字体路径+后级名写上,例如: font_path='黑体.ttf',如果词云是中文字,必须设置字体路径,否则显示框框
width	输出的画布宽度,默认为 400 像素
height	输出的画布高度,默认为 200 像素
prefer_horizontal	词语水平方向排版出现的频率,默认为 0.9,即词语垂直方向排版默认出现频率为 0.1
mask	如果参数为空,则使用二维遮罩绘制词云。如果 mask 非空,设置的宽高值将被忽略,遮罩形状被 mask 取代。除全白(♯FFFFFF)的部分将不会绘制,其余部分会用于绘制词云
scale	按照比例进行放大画布,如设置为 1.5,则长和宽都是原来画布的 1.5 倍
min_font_size	词云图中最小字的字体大小
font_step	字体步长,如果步长大于 1,会加快运算,但是可能导致结果出现较大的误差
max_words	要显示的词的最大个数
stopwords	设置需要屏蔽的词,如果为空,则使用内置的 STOPWORDS
background_color	背景颜色,如 background_color='white',背景颜色为白色
max_font_size	词云图中最大字的字体大小
mode	模式,默认为 RGB,当为 RGBA 时,倘若背景颜色为 None,则会得到透明的背景
relative_scaling	单词出现频率对其字体大小的权重,浮点型。值为 0 时,只考虑单词排名对字体大小的影响;值为 1 时,具有 2 倍出现频率的单词具有 2 倍的字体大小。一般设置为 0.5 时效果最佳
color_func	生成新颜色的函数,如果为空,则使用 self.color_func
regexp	使用正则表达式分隔输入的文本,默认为 r"\w[\w']+"
collocations	是否包括二元词组,布尔型,默认为 True
colormap	给每个单词随机分配颜色,若指定 color_func,则忽略该方法
normalize_plurals	移除单词末尾的's',布尔型,默认为 True

2) generate()方法

作用是根据文本生成词云。其一般语法格式如下。

```
wc.generate(text)
```

wc 是词云对象,text 是字符串对象。

3) to_file()方法

作用是保存词云图。其一般语法格式如下。

```
wc.to_file(filename)
```

wc 是词云对象,filename 是字符串,为保存的文件名。

11.1.8 pyInstaller 库

pyInstaller 可以在 Windows、Mac OS X 和 Linux 等操作系统中将 Python 源文件(. py)打包或生成可执行文件的第三方库,打包完的程序就可以在没有安装 Python 解释器的机器上运行。pyInstaller 作为第三方库,需要通过 pip 命令额外安装。

pyInstaller 模块的工作不是在 Python 解释器或 IDLE 中进行,而是在控制台进行的。例如,E 盘上存在文件夹 Pyintest,其中有 pyin_test. py 源程序,将其打包的命令为:

```
:\> pyinstaller e:\Pyintest\pyin_test.py<回车>
```

该命令执行中,会有处理进度和内容的提示信息。编者使用的 pyInstaller 版本,在提示"completed successfully"后,会在源文件的同文件夹下新生成一个"__ pycache __"文件夹,找到该文件夹中与源程序文件同名的扩展名为. pyc 的文件,即是打包完成后的文件。. pyc 文件是编译后的字节码文件,其加载速度相对于. py 文件有所提高,而且还可以实现源码隐藏,以及一定程度上的反编译。

Windows 操作系统下,观察执行提示信息可知,在程序文件所在的目录中,会新增与 pyInstaller 处理相关的文件夹 build 和 dist。

可以通过-F 参数将 Python 源文件生成为一个独立可执行的文件,命令格式如下。

```
:\> pyinstaller - F e:\Pyintest\pyin_test.py<回车>
```

执行后的结果与前一命令几乎一致,但是在 dist 文件夹下,会多增加一个与源文件名相同的扩展名为. exe 的可执行文件。该文件即为可以独立执行的可执行文件。

使用 pyInstaller 打包文件时需要注意:被打包的 Python 源文件名中不能出现空格和英文句点(.)。

11.1.9 其他库

Python 语言有十几万第三方库,覆盖了信息技术的几乎所有领域。即使在某个应用方向上,也会有大量的专业人员开发多个第三方库。本节中罗列一些常见的第三方库。

1. requests 库

requests 库是一个简洁且简单的处理网络请求的库,提供多种网络请求方法并可定义复杂的发送信息。requests 库是用 Python 语言编写,基于 urllib,采用 Apache2 Licensed 开源协议的 HTTP 库。它比 urllib 更加方便,可以节约大量的工作,满足 HTTP 测试需求。

有关 requests 库的更多介绍,请访问 http://www.python-requests.org。

2. scrapy

scrapy是Python开发的一个快速、高层次的网页抓取及Web爬虫框架。scrapy框架包含成熟网络爬虫系统所应具备的部分公共功能,是一个半成品。scrapy可以根据需求,扩展许多其他行为,例如,网站登录处理、会话Cookie处理,图像也可以被scrapy自动提取并与被抓取的内容相关联。

有关scrapy库的更多介绍,请访问http://www.scrapy.org。

3. numpy

numpy是Python科学计算的基础工具包,很多Python数据计算工作库都依赖它,包括统计学、线性代数、矩阵数学、金融操作等。numpy的多维数组比Python的列表结构高效得多,并提供了许多高级的数值编程工具,如矩阵数据类型、矢量处理、精密的运算库和稀疏矩阵运算包。

numpy内部是C语言编写的,对外采用Python封装。在进行数据运算时,可以达到接近C语言的处理速度。

有关numpy库的更多介绍,请访问http://www.numpy.org。

4. scipy

scipy是一组专门解决科学和工程计算不同场景主题的Python工具包,它是在numpy库的基础上增加了众多的数学、科学以及功能计算的常用库函数。它包括统计、优化、整合、线性代数模块、傅里叶变换、信号和图像处理、常微分方程求解器等众多模块。

有关scipy库的更多介绍,请访问https://www.scipy.org/。

5. pandas

pandas是基于numpy的一种工具,该工具是为了解决数据分析任务而创建的。pandas纳入了大量库和一些标准的数据模型,提供高性能、易用的数据结构和数据分析工具,能高效地操作大型数据集。

pandas最初被作为金融数据分析工具而开发出来,因此,pandas为时间序列分析提供了很好的支持。pandas的名称来自于面板数据(panel data)和Python数据分析(data analysis)。panel data是经济学中关于多维数据集的一个术语,在pandas中也提供了panel的数据类型。

有关pandas库的更多介绍,请访问https://pandas.pydata.org/。

6. pdfminer

pdfminer是一种从PDF文档中提取信息的工具。与其他PDF相关工具不同,它完全专注于获取和分析文本数据。pdfminer允许人们获取页面中文本的确切位置,以及字体或线条等其他信息。它包括一个PDF转换器,可以将PDF文件转换为其他文本格式(如HTML)。它具有可扩展的PDF解析器,可用于除文本分析之外的其他目的。

有关pdfminer库的更多介绍,请访问https://pypi.org/project/pdfminer/。

7. openpyxl

openpyxl是处理Microsoft Excel文档的Python第三方库,用于读取和写入Excel 2010的xlsx/xlsm/xltx/xltm等格式的文件,并能进一步处理Excel文件中的工作表、表单和数据单元。

有关openpyxl库的更多介绍,请访问https://openpyxl.readthedocs.io/。

8. python-docx

python-docx 是一个处理 Microsoft Word 文档的 Python 第三方库,它支持读取、查询和修改 Microsoft Word 2007/2008 的 docx 文件,并能对 Word 常见功能进行编程设置,包含段落、分页符、表格、图片、标题、样式等几乎所有的 Word 文档中常用的功能。

有关 python-docx 库的更多介绍,请访问 https://pypi.org/project/python-docx/。

9. Beautiful Soup

Beautiful Soup 是用于网页数据解析和格式化处理的第三方库,通常配合 Python 的 urllib、urllib2 等库一起使用,它以 Python 的风格来对 HTML 或 XML 进行迭代、搜索和修改。

有关 Beautiful Soup 库的更多介绍,请访问 https://www.crummy.com/software/Beautiful Soup/。

10. matplotlib

matplotlib 是 Python 的 2D 绘图第三方库,主要进行二维图表数据展示,广泛用于科学计算的数据可视化。它可以生成跨平台的各种格式的出版质量级别的图形,开发者仅需要几行代码,便可生成多种高质量图形。

有关 matplotlib 库的更多介绍,请访问 https://matplotlib.org/。

11. PyQt

PyQt 是一个创建 GUI 应用程序的第三方库。它是 Python 编程语言和 Qt 库的成功融合,有超过 300 个类,将近 6000 个函数和方法。PyQt 可以运行在所有主要操作系统上,包括 UNIX,Windows 和 Mac。

PyQt 被分成几个模块:QtCore 模块包含核心的非 GUI 功能,该模块用于时间、文件和目录、各种数据类型、流、网址、MIME 类型、线程或进程。QtGui 模块包含图形组件和相关的类,例如,按钮、窗体、状态栏、工具栏、滚动条、位图、颜色、字体等。QtNetwork 模块包含网络编程的类,可以使网络编程更简单,更轻便。QtXml 包含使用 XML 文件的类,这个模块提供了 SAX 和 DOM API 的实现。QtSvg 模块提供显示 SVG 文件的类。可缩放矢量图形(SVG)是一种用于描述二维图形和图形应用程序的 XML。QtOpenGL 模块使用 OpenGL 库渲染 3D 和 2D 图形,该模块能够无缝集成 Qt 的 GUI 库和 OpenGL 库。QtSql 模块提供用于数据库的类。

有关 PyQt 库的更多介绍,请访问 https://pypi.org/project/PyQt5/。

12. wxPython

wxPython 是 Python 语言的一套优秀的 GUI 第三方图形库,允许 Python 程序员很方便地创建完整的、功能健全的 GUI 用户界面。wxPython 是 wxWidgets C++类库和 Python 语言混合的产物。

有关 wxPython 库的更多介绍,请访问 www.wxpython.org/。

13. scikit-learn

scikit-learn 是一个基于 Python 的机器学习第三方库,内置监督式学习和非监督式学习方法,包括各种回归、聚类、分类、流式学习、异常检测、神经网络、集成方法等主流算法类别,同时支持预置数据集、数据预处理、模型选择和评估等方法,是一个非常完整、流行的机器学习工具库。

有关 scikit-learn 库的更多介绍,请访问 https://scikit-learn.org/。

14. TensorFlow

TensorFlow 是谷歌的第二代机器学习系统,内建深度学习的扩展支持,任何能够用计算流图形来表达的计算,都可以使用 TensorFlow。

TensorFlow 是一个采用数据流图(data flow graphs)、用于数值计算的开源软件库。节点(Nodes)在图中表示数学操作,图中的线(edges)则表示在节点间相互联系的多维数据数组,即张量(tensor)。它灵活的架构让程序可以在多种平台上展开计算,例如,台式计算机中的一个或多个 CPU(或 GPU)、服务器、移动设备等。TensorFlow 最初由 Google 大脑小组(隶属于 Google 机器智能研究机构)的研究员和工程师们开发出来,用于机器学习和深度神经网络方面的研究,但这个系统的通用性使其也可广泛用于其他计算领域。

有关 TensorFlow 的更多介绍,请访问 https://tensorflow.google.cn/。

15. theano

theano 基于 Python 的处理多维数组的库(似于 numpy),它的设计初衷是执行深度学习中大规模神经网络算法的运算。theano 早期的开发者有 Yoshua Bengio 和 Ian Goodfellow,由于出身学界,它最初是为学术研究而设计的。

theano 可以被理解为一个数学表达式的编译器:用符号式语言定义想要的结果,该框架会对程序进行编译,以高效运行于 GPU 或 CPU。在过去的很长一段时间内,theano 都是深度学习开发与研究的行业标准。

有关 theano 的更多介绍,请访问 http://deeplearning.net/software/theano/。

16. Django

Django 是一个开放源代码的 Web 应用框架,由 Python 写成,主要目的是简便、快速地开发数据库驱动的网站。Django 强调代码复用,有许多功能强大的第三方插件,这使得 Django 具有很强的可扩展性,多个组件可以很方便地以"插件"形式服务于整个框架。

Django 还强调快速开发和 DRY(Do Not Repeat Yourself)原则,采用了 MTV 的框架模式,即模型(Model)、模板(Template)和视图(Views)。许多成功的网站和 APP 都基于 Django 开发。

有关 Django 的更多介绍,请访问 https://www.djangoproject.com/。

17. Pyramid

Pyramid 是一个通用、开源的 Python Web 应用程序开发框架。它的主要目的是让 Python 开发者更简单地创建 Web 应用。相比 Django,Pyramid 是一个相对小巧、快速、灵活的开源 Python Web 框架。

与 Django 一样,Pyramid 仍然面向较大规模的 Web 应用,但它更关心灵活性,开发者可以灵活选择所使用的数据库、模板风格、URL 结构等内容。

有关 Pyramid 的更多介绍,请访问 https://trypyramid.com/。

18. Flask

Flask 是目前十分流行的 Web 框架,采用 Python 编程语言来实现相关功能。它被称为微框架(microframework),较其他同类型框架更为灵活、轻便、安全且容易上手。它可以很好地结合 MVC 模式进行开发,开发人员分工合作,小型团队在短时间内就可以完成功能丰富的中小型网站或 Web 服务的实现。另外,Flask 还有很强的定制性,用户可以根据自己的需求来添加相应的功能,在保持核心功能简单的同时实现功能的丰富与扩展,其强大的插件库可以让用户实现个性化的网站定制,开发出功能强大的网站。

有关 Flask 的更多介绍,请访问 https://palletsprojects.com/p/flask/。

19. Pygame

Pygame 是一个游戏开发框架,提供了大量与游戏相关的底层逻辑和功能支持,非常适合入门理解并实践游戏开发。Pygame 是在 SDL 库基础上进行封装的,SDL 是开源、跨平台的多媒体开发库,通过 OpenGL 和 Direct3D 底层函数提供对音频、键盘、鼠标和图形硬件的简捷访问。除了能制作游戏外,还可以用于多媒体程序开发。

有关 Pygame 的更多介绍,请访问 https://www.pygame.org/。

20. Panda3D

Panda3D 是一个开源、跨平台的 3D 渲染和游戏开发库,该 3D 游戏引擎由迪士尼 VR 工作室和卡耐基·梅隆娱乐技术中心开发和维护。使用 C++编写,针对 Python 进行了完全的封装。Panda3D 强调四个方面:能力、速度、完整性和容错。

有关 Panda3D 的更多介绍,请访问 https://www.panda3d.org/。

21. Cocos2d

Cocos2d 是一个基于 MIT 协议的开源框架,用于构建 2D 游戏、应用程序和其他图形界面交互应用。游戏开发者可以把关注焦点放在游戏设置本身,而不必消耗大量时间学习晦涩难懂的 OpenGL ES。Cocos2d 基于 OpenGL ES 进行图形渲染,从而让移动设备的 GPU 性能发挥到极致。Cocos2d 方便扩展,易于集成第三方库。

有关 Cocos2d 的更多介绍,请访问 http://www.cocos2d.org/。

22. PIL

PIL(Python Imaging Library)是 Python 重要的图像处理方面的第三方库,支持图像存储、处理和显示,它能够处理几乎所有的图片格式,可以完成对图像的缩放、剪裁、叠加以及向图像添加线条、图像和文字等操作。

有关 PIL 的更多介绍,请访问 https://pillow.readthedocs.io。

23. SymPy

SymPy 是一个符号计算的 Python 库。它的目标是成为一个全功能的计算机代数系统,同时保持代码简洁、易于理解和扩展。它完全由 Python 写成,不依赖于外部库。SymPy 支持符号计算、高精度计算、模式匹配、绘图、解方程、微积分、组合数学、离散数学、几何学、概率与统计、物理学等方面的功能。

有关 SymPy 的更多介绍,请访问 https://www.sympy.org。

24. NLTK

NLTK(Natural Language Toolkit,自然语言处理工具包)是 NLP 领域中最常使用的一个 Python 库。它提供了易于使用的接口,通过这些接口可以访问超过 50 个语料库和词汇资源(如 WordNet),还有一套用于分类、标记化、词干标记、解析和语义推理的文本处理库,以及工业级 NLP 库的封装器和一个活跃的讨论论坛。

有关 NLTK 的更多介绍,请访问 https://www.nltk.org/。

25. WeRoBot

WeRoBot 是一个微信公众号开发框架,也称为微信机器人框架。WeRoBot 可以解析微信服务器发来的消息,并将消息转换为 Message 或者 Event 类型。其中,Message 表示用户发来的消息,如文本消息、图片消息;Event 则表示用户触发的事件,如关注事件、扫描二维码事件。在消息解析、转换完成后,WeRoBot 会将消息转交给 Handler 进行处理,并将 Handler 的返回值返回给微信服务器,进而实现完整的微信机器人功能。

有关 WeRoBot 的更多介绍,请访问 https://werobot.readthedocs.io。

11.2　例题分析与解答

一、选择题

1. 以下选项中,修改 turtle 画笔颜色的函数是＿＿＿＿＿＿＿。

A. seth()　　　　　　　　　　B. colormode()

C. bk()　　　　　　　　　　　D. pencolor()

分析:上述选项中,seth() 是 setheading 的简写,用于设置以向右方向为基准的绝对角度方向;colormode 的作用是切换颜色的整数模式和小数模式;bk 是 backward 的简写,用于反向移动;pencolor 是设置或返回画笔颜色。所以选 D 选项。

答案:D

2. 通过 turtle.speed() 为小海龟设置爬行速度时,当跳过小海龟的移动过程,直接得到绘制的图形时,speed() 参数的值应设为＿＿＿＿＿＿＿。

A. 0　　　　　　B. 1　　　　　　C. 5　　　　　　D. 10

分析:speed() 的参数取值范围是 0～10,其中,1～10 的速度是逐级递增,然而 0 不是表示速度最小,而是表示速度最快。本题中希望能快速得到图形,所以选 A 选项。

答案:A

3. 以下属于 Python 文本处理第三方库的选项是＿＿＿＿＿＿＿。

A. matplotlib　　B. openpyxl　　　C. wxpython　　　D. vispy

分析:matplotlib 是一个 2D 绘图库,已经成为 Python 中公认的数据可视化工具,通过 matplotlib 可以很轻松地生成线图、直方图、功率谱、条形图、错误图、散点图等;openpyxl 模块是读写 Excel 2010 文档的一个 Python 库,如果要处理更早格式的 Excel 文档需要用到额外的库;wxpython 是 Python 的一个 GUI 工具箱,使得 Python 程序员能够轻松创建具有健壮、功能强大的图形用户界面程序;vispy 是一个高性能的交互式 2D/3D 数据可视化库,利用了现代图形处理单元(GPU)的计算能力,通过 OpenGL 库来显示非常大的数据集。所以选 B 选项。

答案:B

4. 以下选项中不属于 Python 数据分析的第三方库是＿＿＿＿＿＿＿。

A. numpy　　　　B. scipy　　　　C. pandas　　　　D. requests

分析:numpy 是用 Python 进行科学计算的基础软件包,可用来存储和处理大型矩阵,比 Python 自身的嵌套列表(nested list structure)结构要高效得多;scipy 是一个用于数学、科学、工程领域的常用软件包,可以处理插值、积分、优化、图像处理、常微分方程数值解的求解、信号处理等问题,常与 numpy 一起协同工作,高效解决问题;pandas 是基于 numpy 的一种工具,纳入了大量库和一些标准的数据模型,提供了高效地操作大型数据集所需的工具,是为解决数据分析任务而创建的;requests是Python实现的一个简单易用的HTTP第三方库,使用起来比urllib简洁很多。所以选D选项。

答案: D

5. 以下选项中使Python脚本程序转变为可执行程序的第三方库是_____。

A. Pygame   B. PyQt5   C. PyInstaller   D. random

分析: Pygame是开发图形化计算机游戏的得力工具,使得开发2D图形程序变得很容易;PyQt5主要用来编写Python脚本的应用界面;在创建了独立应用(自包含该应用的依赖包)之后,可以使用PyInstaller将Python程序生成可直接运行的程序;Python中的random模块用于生成随机数。所以选C选项。

答案: C

6. 以下选项中,_____是Python中文分词的第三方库。

A. jieba   B. itchat   C. time   D. turtle

分析: jieba是目前最好的Python中文分词组件,它支持精确模式、全模式、搜索引擎模式3种分词模式,支持繁体分词和支持自定义词典;itchat是一个开源的微信个人号接口,使用不到30行代码就可以轻松完成一个能够处理所有信息的微信机器人;time是Python自带的模块,用于处理时间问题,提供了一系列操作时间的函数;turtle库是Python语言中一个绘制图像的函数库。所以选A选项。

答案: A

7. 以下选项中,用于Web开发方向的第三方库是_____。

A. Panda3D   B. Cocos2d   C. Django   D. Pygame

分析: Panda3D是一个3D游戏引擎,主要用于3D渲染和游戏开发;Cocos2d是一个基于MIT协议的开源框架,用于构建游戏、应用程序和其他图形界面交互应用;Django是一个基于MTV架构的Web应用框架,即模型M,视图V和模板T;Pygame是开发游戏的工具。所以选C选项。

答案: C

8. 以下选项中,用于文本处理方向的第三方库是_____。

A. pdfminer   B. TVTK   C. matplotlib   D. mayavi

分析: pdfminer主要用于读取PDF中的文本;TVTK是一套3D数据可视化工具;matplotlib是2D数据可视化工具;mayavi也是3D数据可视化工具。所以选A选项。

答案: A

9. 以下能生成词云的Python第三方库是_____。

A. csvkit   B. Pydub   C. moviepy   D. wordcloud

分析: csvkit是处理CSV文件的第三方软件;Pydub可以用简单的方式处理音频;moviepy是一个用于视频编辑的Python模块;词云图也叫文字云,是对文本中出现频率较高的"关键词"予以视觉化的展现,使得浏览者只要一眼扫过文本就可领略文本的主旨,wordcloud是制作词云的一个工具。所以选D选项。

答案: D

10. 以下属于Python HTML和XML解析的第三方库的是_____。

A. Django   B. Networkx   C. requests   D. Beautiful Soup

分析：Django 是一个 Web 应用框架；Networkx 是一个用 Python 语言开发的图论与复杂网络建模工具，内置了常用的图与复杂网络分析算法，可以方便地进行复杂网络数据分析、仿真建模等工作；requests 是一个 HTTP 第三方库；Beautiful Soup 是一个基于 HTML DOM 的 HTML/XML 解析器，主要功能是解析和提取 HTML/XML 数据。所以选 D 选项。

答案：D

11. 如果当前时间是 2019 年 7 月 30 日 10 点 10 分 9 秒，则下面代码的输出结果是_____。

```
#1. import time
#2. print(time.strftime("%Y=%m-%d@%H>%M>%S", time.gmtime()))
```

 A. 2019＝07－30@10＞10＞09   B. 2019＝7－1 30＞10＞9

 C. True@True   D. 2019＝7－30@10＞10＞9

分析：上述代码导入 time 模块后，调用其中的 strftime 函数，把当前时间按照指定格式输出。其中，%Y、%m 和 %d 分别对应年、月、日的完整分量，%H、%M 和 %S 分别对应时、分、秒的完整分量，＝、＞是普通字符，将原样输出。所以选 A 选项。

答案：A

12. 关于 time 库的描述，以下选项中错误的是_____。

 A. time 库提供获取系统时间并格式化输出功能

 B. time.sleep(s) 的作用是休眠 s 秒

 C. time.perf_counter() 返回一个固定的时间计数值

 D. time 库是 Python 中处理时间的标准库

分析：time 是 Python 自带的模块，用于处理时间问题，提供了一系列操作时间的函数，例如，strftime() 是按照指定格式输出时间；sleep() 函数是休眠若干时间，单位是秒；perf_counter() 从计算机系统里随机选一个时间点，计算其距离当前时间点有多少秒。所以选 C 选项。

答案：C

13. 给出如下代码

```
#1. import random as ran
#2. listV = []
#3. ran.seed(100)
#4. for i in range(10):
#5.     i = ran.randint(100,999)
#6.     listV.append(i)
```

以下选项中能输出随机列表元素最大值的是_____。

 A. print(listV.max())   B. print(listV.pop(i))

 C. print(max(listV))   D. print(listV.reverse(i))

分析：上述代码将 random 库简化为别名 ran，然后生成一个空列表，设置随机数种子为 100，接着生成 10 个介于 100～999 的随机数添加到列表中。求列表中的最大值，使用的是函数 max()。所以选 C 选项。

答案：C

14. 关于random. uniform(a,b)的作用描述,以下选项中正确的是_____。

A. 生成一个范围为[a, b]的随机小数

B. 生成一个均值为a,方差为b的正态分布

C. 生成一个范围为(a, b)的随机数

D. 生成一个范围为[a, b]的随机整数

分析：random 模块中的 uniform(a,b)函数,是用于生成一个范围为[a,b]的随机小数,所以选 A 选项。

答案：A

15. 关于 random 库,以下选项中描述错误的是_____。

A. 设定相同的种子,每次调用随机函数生成的随机数相同

B. 通过 from random import * 可以引入 random 随机库

C. 通过 import random 可以引入 random 随机库

D. 生成随机数之前必须要指定随机数种子

分析：其实任何一种计算机语言中的随机数都是伪随机数,是通过让人难以猜测的某个公式产生的一个数字,这个数字的大小取决于随机数种子,不同的随机数种子将产生不同的数字,同一个随机数种子则产生的数字相同；如果不指定随机数种子,系统将使用一个默认的随机数种子；使用 random 库前必须先导入 random 库,导入的方法是使用 import random 或 from random import * 语句。所以选 D 选项。

答案：D

16. 以下程序不可能的输出结果是_____。

```
#1. from random import *
#2. print(round(random(),2))
```

A. 0.47   B. 0.54   C. 0.27   D. 1.87

分析：random 模块中的 random()函数是产生一个范围为[0,1)的实数,通过 round()函数将它保留两位小数。所以选 D 选项。

答案：D

17. 以下程序不可能的输出结果是_____。

```
#1. from random import *
#2. print(sample({1,2,3,4,5},2))
```

A. [5, 1]   B. [1, 2]   C. [4, 2]   D. [1, 2, 3]

分析：random 模块中的 sample()函数,第 1 个参数是一个序列,第 2 个参数是产生的随机数个数,本题中是产生两个随机数。所以选 D 选项。

答案：D

18. 以下程序不可能的输出结果是_____。

```
#1. from random import *
#2. x = [30,45,50,90]
#3. print(choice(x))
```

A. 30   B. 45   C. 90   D. 55

分析：random 库中的 choice（序列）函数，其参数是一个序列值，函数在序列值中随机选取一个，选项 D 的值 55 没有出现在列表 x 中，不可能显示为 55。所以选 D 选项。

答案：D

19．以下选项中，_____不是 pip 工具能进行的第三方库管理功能。

A．安装一个库 　　　　　　　　B．卸载一个已经安装的第三方库

C．列出当前系统中已安装的库 　　D．脚本程序转变成为可执行程序

分析：包管理工具 pip 是 Python 中最常用且高效的扩展库安装工具，可以安装、查看、更新、卸载第三方库。将脚本程序转变为可执行程序的工具是 PyInstaller，所以选 D 选项。

答案：D

20．关于 jieba 库的函数 jieba.lcut(x)，以下选项中描述正确的是_____。

A．精确模式。返回中文文本 x 分词后的列表变量

B．全模式。返回中文文本 x 分词后的列表变量

C．搜索引擎模式。返回中文文本 x 分词后的列表变量

D．向分词词典中增加新词 w

分析：jieba 库的分词函数有 cut(sentence, cut_all)和 lcut(sentence, cut_all)。两个函数若只使用第一个参数，则 cut_all 参数取默认值 False，此时对 sentence 进行精确模式分词，分解出的词语能够完整且不多余地组成原始文本。cut()函数返回一个可迭代的数据类型，lcut()函数返回一个列表。所以选 A 选项。

答案：A

二、填空题

1．执行如下代码：

```
#1. import turtle as t
#2. def DrawCctCircle(n):
#3.     t.penup()
#4.     t.goto(0, -n)
#5.     t.pendown()
#6.     t.circle(n)
#7. for i in range(20,80,20):
#8.     DrawCctCircle(i)
#9. t.done()
```

在 Python Turtle Graphics 中，绘制的图形是_____。

分析：函数 DrawCctCircle(n)的作用是以 y 轴下方的位置(0,-n)处为圆心，画一个半径为 n 的圆，在主程序中，通过循环控制，画了 3 个半径分别为 20、40、60 的同心圆。所以绘制的图形是同心圆。

答案：同心圆

2．执行如下代码：

```
#1. import turtle as t
#2. for i in range(1,5):
#3.     t.fd(50)
#4.     t.left(90)
```

在 Python Turtle Graphics 中,绘制的图形是_____。

分析:这段代码通过 4 次循环,分别使得画笔先向右画 50 像素长度的直线,然后左转 90°,也就是向上画 50 像素,再向左画 50 像素,最后向下画 50 像素,最终形成的图案是一个边长为 50 的正方形。所以绘制的图形是正方形。

答案:正方形

3. 生成一个范围为[3,30]的随机整数的函数是_____。

分析:random 库可以用来生成各种随机数,其中的 randint(a, b)函数专门用来生成整数。randint()返回随机的整数,整数的范围为[a,b],包括 a 和 b,参数 a 和 b 不能省略。所以本题的答案是 random. randint(3,30)。

答案:random. randint(3,30)

11.3 测 试 题

一、选择题

1. 以下选项能改变 turtle 画笔颜色的是_____。

A. turtle. colormode()　　　　　　　　B. turtle. setup()

C. turtle. pd()　　　　　　　　　　　　D. turtle. pencolor()

2. 以下关于 turtle 库的描述,正确的是_____。

A. 在 import turtle 之后就可以直接用 circle()语句来画一个圆圈

B. 要用 from turtle import turtle 来导入所有的库函数

C. home()函数设置当前画笔位置到原点,朝向东

D. seth(x)是 setheading(x)函数的别名,让画笔向前移动 x

3. 对于 turtle 绘图中颜色值的表示,以下选项中错误的是_____。

A. (190,190,190)　　　　　　　　　　B. BEBEBE

C. ♯BEBEBE　　　　　　　　　　　　D. "grey"

4. 以下用于绘制弧形的函数是_____。

A. turtle. seth()　　　　　　　　　　　B. turtle. right()

C. turtle. circle()　　　　　　　　　　D. turtle. fd()

5. 下列_____是用来控制画笔尺寸的。

A. penup()　　　　B. pencolor()　　　　C. pensize()　　　　D. pendown()

6. Python Web 开发方向的第三方库是_____。

A. Django　　　　B. scipy　　　　　　C. pandas　　　　　D. requests

7. Python 机器学习方向的第三方库是_____。

A. PIL　　　　　　B. PyQt5　　　　　　C. TensorFlow　　D. random

8. 以下选项中,不是 Python 中用于进行 Web 开发的第三方库是_____。

A. Django　　　　B. scrapy　　　　　　C. Pyramid　　　　D. Flask

9. 以下选项中,不是 Python 中用于进行数据分析及可视化处理的第三方库是_____。

A. pandas　　　　B. mayavi2　　　　　C. mxnet　　　　　D. numpy

10. 以下选项中,不是 Python 中用于开发用户界面的第三方库是_____。

A. PyQt　　　　　B. wxPython　　　　C. pygtk　　　　　D. turtle

11. 以下选项中,Python 网络爬虫方向的第三方库是_____。

A. numpy   B. openpyxl   C. PyQt5   D. scrapy

12. 关于 jieba 库的描述,以下选项中错误的是_____。

A. jieba 是 Python 中一个重要的标准函数库

B. jieba.lcut(s)是精确模式,返回列表类型

C. jieba.add_word(s)是向分词词典里增加新词 s

D. jieba.cut(s)是精确模式,返回一个可迭代的数据类型

13. Python 数据分析方向的第三方库是_____。

A. pdfminer   B. beautifulsoup4

C. time   D. numpy

14. 执行后可以查看 Python 的版本的是_____。

A. import sys   B. import system
    print(sys. Version)   print(system. version)

C. import system   D. import sys
    print(system. Version)   print(sys. version)

15. 用于安装 Python 第三方库的工具是_____。

A. jieba   B. pip   C. loso   D. yum

16. 以下程序的输出结果是_____。

```
#1. import time
#2. t = time.gmtime()
#3. print(time.strftime("%Y-%m-%d %H:%M:%S",t))
```

A. 系统当前的日期   B. 系统当前的时间

C. 系统出错   D. 系统当前的日期与时间

17. 执行如下代码:

```
#1. import time
#2. print(time.time())
```

以下选项中描述错误的是_____。

A. time 库是 Python 的标准库

B. 可使用 time.ctime(),显示为更可读的形式

C. time.sleep(5)推迟调用线程的运行,单位为毫秒

D. 输出自 1970 年 1 月 1 日 00:00:00 AM 以来的秒数

18. 以下关于 random 库的描述,正确的是_____。

A. randint(a,b)是生成一个范围为[a,b]的整数

B. 通过 from random import * 引入 random 随机库的部分函数

C. uniform(0,1)与 uniform(0.0,1.0)输出结果不同,前者输出随机整数,后者输出随机小数

D. 设定相同的种子,每次调用随机函数生成的随机数不相同

19. 以下关于随机运算函数库的描述,错误的是_____。

A. random 库里提供的不同类型的随机数函数是基于 random. random()函数扩展的

B. 伪随机数是计算机按一定算法产生的可预见的数,所以是"伪"随机数

C. Python 内置的 random 库主要用于产生各种伪随机数序列

D. uniform(a,b)产生一个 a～b 的随机整数

20. random 库的 seed(a)函数的作用是_____。

A. 生成一个范围为[0.0，1.0)的随机小数

B. 生成一个 k 比特长度的随机整数

C. 设置初始化随机数种子 a

D. 生成一个随机整数

21. 下列_____选项是使用 PyInstaller 库对 Python 源文件打包的基本使用方法。

A. pip -h

B. pip install <拟安装库名>

C. pip download <拟下载库名>

D. pyinstaller 需要在命令行运行 :\> pyinstaller < Python 源程序文件名>

22. 以下关于 wordcloud 库的描述,正确的是_____。

A. wordcloud 库是专门用于根据文本生成词云的 Python 第三方库

B. wordcloud 库是网络爬虫方向的 Python 第三方库

C. wordcloud 库是机器学习方向的 Python 第三方库

D. wordcloud 库是中文分词方向的 Python 第三方库

二、填空题

1. 在 Python Turtle Graphics 中执行如下代码,绘制的图形是_____。

```
#1. import turtle as t
#2. for i in range(0,5):
#3.     t.fd(50)
#4.     t.left(72)
```

2. Python 中安装一个第三方库的命令格式是_____。

3. Python 中下载一个第三方库安装包但不安装的命令格式是_____。

4. Python 中列出某个已安装库的详细信息的命令格式是_____。

5. Python 中列出当前系统已经安装的第三方库的命令格式是_____。

6. time. ctime()函数的作用是_____。

7. time 库中,_____函数返回一个时间的精确浮点数。两次或多次调用该函数,根据其不同次返回值的差可以进行计时控制。

三、编程题

1. 利用海龟绘图,画一个正五边形,要求边线颜色为绿色,内部填充蓝色。

2. 利用小海龟画一个奔驰车标。

3. 利用 jieba 库统计《三国演义》中人物词频出现最高的前 5 人。

4. 生成《红楼梦》的中文词云图。

11.4 实　验　案　例

一、安装扩展库/第三方库

1. 实验目的

(1) 了解标准库和扩展库的不同。

根据来源的不同,Python内置的库称为标准库,其他库称为扩展库(或第三方库)。标准库在安装完 Python 解释器后,就存在用户的计算机中了。而默认情况下,扩展库需要经过安装后,才能出现在用户的计算机中。

(2) 掌握扩展库的安装、查看、更新和删除等操作。

2. 实验要求

1) 打开 Windows 命令提示符窗口

pip 工具需要在 Windows 的命令提示符窗口下使用,而非在 Python 的 Python 命令行解释器或 IDLE 中使用。打开 Windows 命令提示符窗口的方法:按 Win＋R 组合键打开"运行"对话框,如图 11-2 所示。在"打开"后输入"cmd"命令,单击"确定"按钮后,即可打开 Windows 命令提示符窗口,如图 11-3 所示。

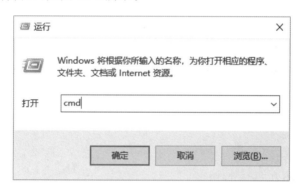

图 11-2　"运行"对话框

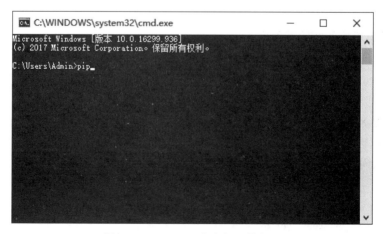

图 11-3　Windows 命令提示符窗口

2）了解 pip 命令

在 Windows 命令提示符窗口中输入 pip，并按回车键确认，会显示 pip 命令的参数和含义。pip 支持安装、下载、卸载、列表、查看、查找等一系列安装和维护子命令。

请认真阅读屏幕显示的内容，了解 pip 命令的各项参数的作用和含义。

3）pip 命令的使用

（1）查看已安装的库。

```
pip list
```

（2）安装第三方库 jieba、PyInstaller、PyGame 等。

依次输入以下安装命令安装相应的第三方库，并查阅资料，了解这些库的用途。

```
pip install jieba
pip install pyinstaller
pip install pygame
pip install flask
```

（3）更新已安装库的版本。

输入以下命令，尝试更新 jieba 库。

```
pip install - U jieba
```

（4）查询以上安装的第三方库的详细信息。

依次输入以下查询第三方库的命令，观察屏幕上显示的相关库的提示信息，了解这些库的用途。

```
pip show jieba
pip show pyinstaller
pip show pygame
```

（5）卸载已安装的 flask 扩展库。

输入以下命令卸载 flask 扩展库，命令执行中可能还需要用户再次确认卸载。

```
pip uninstall flask
```

二、利用小海龟画太阳花图案

1. 实验目的

（1）掌握 turtle 库中设置线条颜色和填充色的方法，以及绘图的命令。

（2）学会利用循环语句绘制规则图案。

2. 实验要求

新建文件，输入代码，保存到程序文件 Ex11-2.py 中，运行程序并观察结果。

3. 实现代码

```
#1. import turtle
#2. #设置颜色
#3. turtle.color('red','yellow')
#4. turtle.begin_fill()          #开始填充
#5. while True:
```

```
#6.      turtle.forward(200)        #画线
#7.      turtle.left(170)           #转向
#8.      if abs(turtle.pos()) < 1:
#9.           break
#10.turtle.end_fill()               #结束填充
#11.turtle.done()                   #停留显示
```

4. 思考题

（1）程序的运行结果如图11-4所示。请问，为什么太阳花图案偏在画布的右边？怎样改写程序可以将图案调整到正中间？

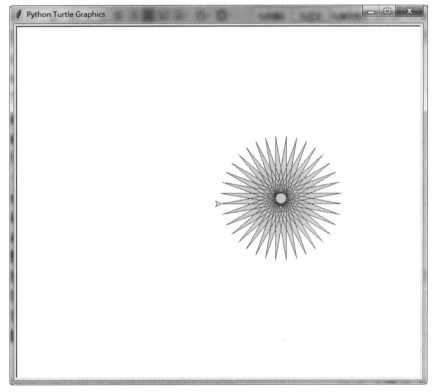

图 11-4　画太阳花程序的运行结果

（2）本图案总共有几朵花瓣？如果想增加或减少花瓣数，应改写程序的哪一部分？请试着改写程序。

（3）图案中有一个箭头，请把这个箭头隐藏掉。

（4）把最后一条语句 turtle.done()删除以后，在 IDLE 中运行程序，注意观察程序有没有变化。

（5）再到 cmd 窗口下运行程序，看看是什么效果。

（6）添加上 turtle.done()后，再到 cmd 窗口下运行程序，观察有没有不同。

三、利用小海龟画五角星

1. 实验目的

（1）掌握 turtle 库中设置线条颜色和填充色的方法，以及绘图的命令。

（2）掌握在画布的另一区域继续绘图的方法。

（3）掌握在画布上写字的命令。

2. 实验要求

新建文件,输入下面的代码,并保存为程序文件 Ex11-3.py,运行程序并观察结果。

3. 实现代码

```
♯1.  import turtle
♯2.  import time
♯3.
♯4.  turtle.pensize(5)                          ♯设置画笔粗细
♯5.  turtle.pencolor("yellow")                  ♯设置画笔颜色
♯6.  turtle.fillcolor("red")                    ♯设置填充色
♯7.  turtle.begin_fill()                        ♯开始填充
♯8.  while True:
♯9.      turtle.forward(200)                    ♯画线
♯10.     turtle.right(144)                      ♯转向
♯11.     if abs(turtle.pos()) < 1:
♯12.         break
♯13. turtle.end_fill()                          ♯结束填充
♯14. time.sleep(2)                              ♯画面静止 2 秒
♯15.
♯16. turtle.penup()                             ♯另起一个位置
♯17. turtle.goto( - 150, - 120)
♯18. turtle.color("purple")                     ♯设置颜色
♯19. turtle.write("Done",font = ('Arial',40,'normal'))  ♯写字
♯20.
♯21. turtle.mainloop()                          ♯画面停留
```

4. 思考题

（1）为什么第 10 行代码要向右旋转 144°? 144 这个数字是怎么得到的?

（2）为什么第 16 行代码要把画笔抬起? 如果不抬起会有什么后果?

（3）abs(turtle.pos())得到的是什么值? 什么情况下会小于 1?

程序的运行结果如图 11-5 所示。

四、利用小海龟画一个钟

1. 实验目的

掌握在程序中创建多个小海龟对象同时绘图。

2. 实验要求

新建文件,输入下面的代码,并保存为程序文件 Ex11-4.py,运行程序并观察结果。

3. 算法分析

本案例采用模块化方法逐步求精,将程序划分为三大模块:绘制表盘模块(drawClock)、绘制指针模块(drawPoint)和实时更新显示模块(realTime)。

（1）drawClock 模块。时钟是顺时针旋转的,故设置 turtle 模式为"logo"。本模块依次画出整点(短线)和每隔 5 分钟(小点)的指示标志。

（2）drawPoint 模块。这里创建了 4 个全局的小海龟对象,分别用于画时针(hourPoint)、分针(minPoint)、秒针(secPoint),以及输出时钟上面的文字(fontWriter)。时针、分针、秒

图 11-5 画五角星程序的运行结果

针的长度和粗细不同,时针最短最粗,分针次之,秒针最长最细,显示为红色。用于画指针的画笔形状通过 makePoint 函数指定。fontWriter 在本模块中只是指定了文字颜色。

（3）realTime 模块。调用 datetime 模块中的时钟函数,获取当前时间的年、月、日、时、分、秒和星期信息,并根据时、分、秒算出在时钟上的角度。fontWriter 负责在相应区域输出日期和星期几,每隔 100 毫秒刷新一次。

4. 实现代码

```
#1.  import turtle as t
#2.  import datetime as d
#3.
#4.  def skip(step):               # 抬笔,跳到一个地方
#5.      t.penup()
#6.      t.forward(step)
#7.      t.pendown()
#8.
#9.  def drawClock(radius):        # 画表盘
#10.     t.speed(0)
#11.     t.mode("logo")            # 设置顺时针角度模式
#12.     t.hideturtle()
#13.     t.pensize(7)
#14.     t.home()                  # 回到圆点
```

```
#15.    for j in range(60):
#16.        skip(radius)
#17.        if (j % 5 == 0):
#18.            t.forward(20)
#19.            skip(-radius-20)
#20.        else:
#21.            t.dot(5)
#22.            skip(-radius)
#23.        t.right(6)
#24.
#25. def makePoint(pointName, len):          # 钟的指针,时针、分针、秒针
#26.    t.penup()
#27.    t.home()
#28.    t.begin_poly()
#29.    t.back(0.1 * len)
#30.    t.forward(len * 1.1)
#31.    t.end_poly()
#32.    poly = t.get_poly()
#33.    t.register_shape(pointName, poly)    # 注册为一个shape
#34.
#35. def drawPoint():                        # 画指针
#36.    global hourPoint, minPoint, secPoint, fontWriter
#37.    makePoint("hourPoint", 100)
#38.    makePoint("minPoint", 120)
#39.    makePoint("secPoint", 140)
#40.
#41.    hourPoint = t.Pen()                  # 创建画时针的小海龟对象
#42.    hourPoint.shape("hourPoint")
#43.    hourPoint.shapesize(1, 1, 6)         # 时针粗为6
#44.
#45.    minPoint = t.Pen()
#46.    minPoint.shape("minPoint")
#47.    minPoint.shapesize(1, 1, 4)          # 分针粗为4
#48.
#49.    secPoint = t.Pen()
#50.    secPoint.shape("secPoint")
#51.    secPoint.pencolor('red')
#52.
#53.    fontWriter = t.Pen()
#54.    fontWriter.pencolor('gray')
#55.    fontWriter.hideturtle()
#56.
#57. def getWeekName(weekday):               # 获取星期几
#58.    weekName = ['星期一', '星期二', '星期三', '星期四', '星期五', '星期六', '星期日']
#59.    return weekName[weekday]
#60.
#61. def getDate(year, month, day):          # 获取日期
#62.    return "%s-%s-%s" % (year, month, day)
#63.
#64. def realTime():                         # 实时显示时间
#65.    curr = d.datetime.now()
```

```
#66.      curr_year = curr.year
#67.      curr_month = curr.month
#68.      curr_day = curr.day
#69.      curr_hour = curr.hour
#70.      curr_minute = curr.minute
#71.      curr_second = curr.second
#72.      curr_weekday = curr.weekday()
#73.
#74.      t.tracer(False)
#75.      secPoint.setheading(360/60 * curr_second)
#76.      minPoint.setheading(360/60 * curr_minute)
#77.      hourPoint.setheading(360/12 * curr_hour + 30/60 * curr_minute)
#78.
#79.      fontWriter.clear()
#80.      fontWriter.home()
#81.      fontWriter.penup()
#82.      fontWriter.forward(80)
#83.      # 用 turtle 写文字
#84.      fontWriter.write(getWeekName(curr_weekday), align = "center", font = ("Courier",
14, "bold"))
#85.      fontWriter.forward(-160)
#86.      fontWriter.write(getDate(curr_year, curr_month, curr_day), align = "center", font =
("Courier", 14, "bold"))
#87.
#88.      t.tracer(True)
#89.      t.ontimer(realTime, 100)          # 每隔 100 毫秒调用一次 realTime()
#90.
#91.def main():
#92.      t.tracer(False)
#93.      drawClock(160)
#94.      drawPoint()
#95.      realTime()
#96.      t.tracer(True)
#97.      t.mainloop()
#98.
#99.if __name__ == '__main__':
#100.        main()
```

5. 思考题

(1) 代码第 15 行为什么循环 60 次？第 17 行判断是否能被 5 整除的目的是什么？

(2) 代码第 19 行为什么要运行 skip(-radius-20)？第 23 行右转 6°的原因是什么？

(3) 如果删除代码第 79 行，会有什么后果？

程序运行结果如图 11-6 所示。

五、伊索寓言英文高频单词统计

1. 实验目的

(1) 掌握英文文章词频统计的方法。

(2) 掌握排除英文高频词的方法。

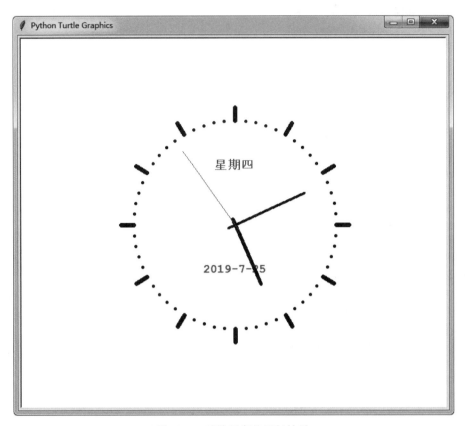

图 11-6　时钟程序的运行结果

2. 实验要求

下载资源文件 Aesop's Fables. txt,统计该文件中出现频率最高的 40 个英文单词。新建文件,输入代码,保存到程序文件 Ex11-5. py 中,运行程序并观察结果。

3. 算法分析

(1) 本案例先实现统计出现频率最高的单词。统计单词前先将文本中的非英文字符替换为空格,便于进行单词切分。利用字典类型记录单词出现的频率,字典的 key 为单词、value 为单词出现的次数。

(2) 改进代码,排除高频词后,再查看出现频率最高的单词。

Sight Words 是儿童阅读初期的常用词,也叫高频词,约有 220 个。它是由美国学者 Dolch 针对英语儿童读物做了系统分析和统计后整理出来的最常使用的词。这些词在英语教科书、图书、报纸、杂志中的出现率为 60%～85%。

建立高频词集合 excludes,逐一检查字典中的单词,遇到高频单词,则删除对应的字典元素。本例设置了 100 个高频词,读者可自行把剩余的高频词补充到 excludes 中。

4. 实现代码

(1) 统计频率最高的 40 个英文单词。

新建文件,输入下面的代码,并保存为程序文件 Ex11-5-1. py,程序文件和文本文件在同一文件夹中,运行程序并观察运行结果。

```
♯1.  def inittxt():        ♯本函数将文本全部转小写字符,且将非英文字符都转换为空格
♯2.      f = open("Aesop's Fables.txt",'r')
♯3.      text = f.read()
♯4.      text = text.lower()              ♯ 将读入字符全部变为小写
♯5.      excludechars = '~~!@♯$ %^&*()_+= -,./<>?:;{}[]\|"\''
♯6.      for ch in excludechars:
♯7.          text = text.replace(ch,'')    ♯ 将非单词的字符都替换为空格
♯8.      f.close()
♯9.      return text
♯10.
♯11. alltxt = inittxt()
♯12. allwords = alltxt.split()             ♯ 将文本切片为单词
♯13. counts = {}                           ♯ 生成空字典,字典用于存储单词数量
♯14. for w in allwords:
♯15.     counts[w] = counts.get(w,0) + 1
♯16. items = list(counts.items())
♯17. ♯利用 lambda 表达式,让排序按字典的值进行,而非默认的按键排序
♯18. items.sort(key = lambda x:x[1],reverse = True)
♯19. for i in range(40):
♯20.     word,count = items[i]
♯21.     print('{0:<10}{1:>5}'.format(word,count))
```

(2) 排除高频词后,统计频率最高的 40 个英文单词。

修改上例的程序文件,在♯16 行行首处插入以下代码,并保存为程序 Ex11-5-2.py,运行程序并观察运行结果。

```
♯16. excludes = {'the','of','and','a','to','in','is','you','that','it',
♯17.            'he','was','for','on','are','as','with','his','they','i',
♯18.            'at','be','this','have','from','or','one','had','by','word',
♯19.            'but','not','what','all','were','we','when','your','can','said',
♯20.            'there','use','an','each','which','she','do','how','their','if',
♯21.            'will','up','other','about','out','many','then','them','these','so',
♯22.            'some','her','would','make','like','him','into','time','has','look',
♯23.            'two','more','write','go','see','number','no','way','could','people',
♯24.            'my','than','fist','water','been','call','who','oil','its','now',
♯25.            'find','long','down','day','did','get','come','made','may','part'}
♯26. for w in excludes:                    ♯若属于高频词,则将其移出字典
♯27.     if counts.get(w,0)!= 0:
♯28.         counts.pop(w)
```

5. 思考题

(1) 是否可以去掉第二个程序的♯27 行的条件判断? 为什么?

(2) 第二个程序的输出结果中为什么会出现单词 s? 怎么改进代码?

(3) 伊索寓言中出现频率最高的三种动物是什么?

六、《封神演义》中文高频词统计

1. 实验目的

(1) 掌握利用 jieba 库对中文分词的方法。

(2) 掌握利用字典统计词频的方法。

2. 实验要求

(1) 参考本节的实验一,安装 jieba 库。

(2) 下载资源文件"封神演义.txt",统计该文件中出现频率最高的 40 个词语。

(3) 新建文件,输入下面的代码,并保存为程序文件 Ex11-6.py,程序文件和文本文件在同一文件夹中,运行程序并观察结果。

3. 实现代码

```
#1.  import jieba
#2.  f = open('封神演义.txt','r')
#3.  text = f.read()
#4.  f.close()
#5.  allwords = jieba.lcut(text)
#6.  counts = {}           #生成空字典
#7.  for w in allwords:
#8.      if len(w)> 1:
#9.          counts[w] = counts.get(w,0) + 1
#10. items = list(counts.items())
#11. items.sort(key = lambda x:x[1],reverse = True)
#12. for i in range(40):
#13.     word,count = items[i]
#14.     print('{0:<10}{1:>5}'.format(word,count))
```

4. 思考题

(1) #8 行代码中的条件起什么作用?

(2) 分析输出结果可知,封神演义中有个人物"土行孙"不能被正确分词,如何改进代码来正确识别"土行孙"?

(3) 如何改写代码实现查询《封神演义》中出现词频最高的前 5 个人物? 注意有些词语是指同一个人,比如"太师"和"闻太师"指同一人。

七、矩形中文词云图

1. 实验目的

(1) 掌握 jieba 库和 wordcloud 库结合制作中文词云图的方法。

(2) 掌握利用 wordcloud 库制作常规的矩形词云图。

2. 实验要求

(1) 参考本节的实验一,安装 jieba 库和 wordcloud 库。

(2) 新建文件,输入下面的代码,并保存到程序文件 Ex11-7.py。

(3) 在同一文件夹下,准备好两个文件,一个是文本文件(本例中是"苏州园林.txt",如果是其他文件名,请修改第 24 行的文件名),另一个是字库文件 msyh.ttc(可以在网上搜索并下载)。

(4) 运行程序并观察结果。

3. 实现代码

```
#1.  from wordcloud import WordCloud # 词云库
#2.  import matplotlib.pyplot as plt
#3.  import jieba
#4.
```

```
#5. def DelPunctuation(path):
#6.     '''传入需要去除标点的文件路径,返回文本 str 格式'''
#7.     with open(path, 'r')as f:
#8.         t = f.read()
#9.         pun = '!@#$%^&*()_+~`1234567890-="""'!@#￥%…… &*()——+~·
#10.        -《》\?,、：；''{}|【】、\u3000 \n \xa0'   #所有需要去除的标点符号
#11.     for i in pun:
#12.         t = t.replace(i, '')
#13.     t = ''.join(t)
#14.     return t
#15.
#16. def fenci(text):
#17.     '''传入一段文本,对中文文本进行分词,返回一个分词后的列表'''
#18.     wordlist = jieba.lcut(text)
#19.     words = ' '.join(wordlist)
#20.     return (words)
#21.
#22. def main():
#23.     # 1.读取本地中文文本文件
#24.     text = DelPunctuation('苏州园林.txt')
#25.     textList = fenci(text)
#26.     # 2.创建 WordCloud 实例,设置词云图宽高、背景颜色和最大显示字数
#27.     wc = WordCloud(width = 1920, height = 1080, font_path = 'msyh.ttc', \
#28.         max_font_size = 300, background_color = "white", max_words = 1000)
#29.     # 3.根据读取的英文文本,先分词再生成词云图
#30.     wc.generate(textList)
#31.     # 4.使用 matplotlib 绘图
#32.     plt.imshow(wc)
#33.     plt.axis("off")      # 取消坐标系
#34.     plt.show()           # 在 IDLE 中显示图片
#35.     # 5.将生成的词云图保存在本地
#36.     wc.to_file('wordcloud.png')
#37.
#38. main()
```

程序运行结果如图 11-7 所示。

图 11-7　矩形中文词云图

4．思考题

（1）DelPunctuation()函数的作用是什么？为什么要有这个函数？

（2）如果希望图片小一点儿，文字数目少一点儿，应该如何修改程序？

（3）请改写 fenci()函数，使其代码更简洁。

八、扇形蒙版中文词云图

1．实验目的

掌握利用蒙版图制作图案词云图。

2．实验要求

（1）将实验七的 Ex11-7.py 另存为 Ex11-8.py，保持其他代码不变，修改 main()函数。

（2）与实验七一样，在同一文件夹下，除了准备好两个文件——文本文件（本例中是"苏州园林.txt"，其他文件名请修改第 5 行的文件名）和字库文件 msyh.ttc 外，还需要准备一个图片文件（本例中是"扇子.png"，如果是其他文件请修改第 7 行的文件名）。

（3）运行程序并观察结果。

3．实现代码

```
#1.  def main():
#2.      '''处理简单图像后的扇形词云图'''
#3.      from PIL import Image
#4.      import numpy as np
#5.      text = DelPunctuation('苏州园林.txt')
#6.      textList = fenci(text)
#7.      img = Image.open('扇子.png')              #打开图片
#8.      maskImages = np.array(img)                #转换为数组
#9.      #创建一个词云对象,设置大小颜色字体背景等,传入处理后的图像
#10.     wc = WordCloud(font_path = "msyh.ttc",background_color = "white",\
#11.            max_words = 1000,max_font_size = 100,width = 1920,\
#12.            height = 1080,mask = maskImages)
#13.     wc.generate(textList)
#14.     plt.imshow(wc)
#15.     plt.axis("off")                          # 取消坐标系
#16.     plt.show()
#17.     wc.to_file('wordcloud2.png')
```

4．思考题

（1）程序的运行结果如图 11-8 所示。请问，对于蒙版图片文件有什么要求？怎样才能有蒙版图片的轮廓？

（2）如果蒙版图片文件的背景色不是纯白色，会有什么后果？

（3）如果蒙版图片文件的背景与前景色对比不明显，对于词云图有影响吗？

九、PyInstaller 打包程序

1．实验目的

了解 PyInstaller 打包程序的一般过程。

2．实验要求

（1）在 D 盘或 E 盘（本例以 E 盘为例）下建立新文件夹 pyintest。

图 11-8　蒙版中文词云图

（2）选择前期实验的某个已经调试正确的. py 源文件，复制保存到 pyintest 文件夹下，并将该文件改名为 pyin_test. py。

（3）打开 Windows 的命令行执行窗口。右击 Windows 的"开始"图标，在快捷菜单中选择"运行"命令。打开"运行"对话框（如图 11-9 所示），输入"cmd"后单击"确定"按钮。

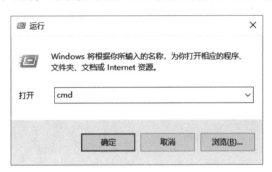

图 11-9　"运行"对话框

（4）安装 PyInstaller 库。在 Windows 的命令行执行窗口下，输入：

```
pip install Pyinstaller
```

保证网络连接正常，等待安装成功。安装完毕后，可以输入 pip list，观察是否已经成功安装。

（5）打包 Python 程序。在 Windows 的命令行执行窗口下，输入：

```
pyinstaller e:\Pyintest\pyin_test.py<回车>
```

打包成功提示信息出现后，找到 E 盘上的 pyintest 文件夹，可见新增加了一个"__ pycache __"文件夹，该文件夹中的文件即为打包后的 pyc 格式文件。

（6）生成可执行的程序文件。在 Windows 的命令行执行窗口下，输入：

```
pyinstaller - F e:\Pyintest\pyin_test.py<回车>
```

生成成功提示信息出现后,观察提示信息(如图 11-10 所示),可以在相关目录下找到与源文件名同名的可执行文件。

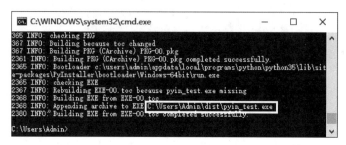

图 11-10　运行提示信息

3. 观察结果

找到 PyInstaller 打包过程中生成的辅助文件夹 build 和 dist 文件夹,并观察其中的各个文件。

附录A 测试题参考答案

1.3 测试题

一、选择题

1. B 2. D 3. A 4. C 5. B 6. C 7. C 8. A 9. D

10. A 11. A 12. B 13. C 14. A 15. D 16. D 17. B 18. A

19. D 20. C 21. A 22. B 23. D 24. D

二、填空题

1. 428   2. True   3. 'B'   4. False   5. 7

6. 4   7. 9   8. 数字字符 9. 冒号：   10. 分号；

11. math.sqrt(y ** x＋math.log(y)) 12. abs(x * x * x＋math.log10(x)) 13. 7

14.【1】5.0 【2】3   15. x％100//10 16. 7＋4j 17. 字母或下画线

18.【1】有符号整数(int) 【2】浮点数(float) 【3】复数(complex)

19. 6

2.3 测试题

一、选择题

1. C 2. A 3. D 4. A 5. A 6. C 7. C 8. D 9. B

10. C 11. A 12. D 13. C

二、填空题

1.【1】顺序结构【2】选择结构【3】循环结构 2. '2' 3. except

4. Error! 5. print('Hello World!') 6. 50

3.3 测试题

一、选择题

1. C 2. A 3. C 4. B 5. B 6. D 7. D 8. C 9. B

10. C 11. C 12. B 13. A 14. C 15. A

二、填空题

1.【1】False 【2】True 2. False 3. True 4. if

5. x小于y且y大于z

4.3　测试题

一、选择题

1. D　　2. C　　3. D　　4. B　　5. A　　6. D　　7. B　　8. C　　9. D

10. C　　11. A　　12. C　　13. A　　14. C　　15. C　　16. D　　17. B

二、填空题

1.【1】循环条件不成立　【2】break 语句　　2.【1】break　　【2】continue

3. 缩进量　　　　　4. 11　23　47　95　4　　　　5. 1 3 5 7 9

6. Pthon　　　　　7. 3 5 8 13　　　　　　　8. 0 2 4 6 8

9. 46　　　　　　10. a 或 a！＝0　　　　　11.【1】x-i　【2】break

5.3　测试题

一、选择题

1. C　　2. D　　3. A　　4. C　　5. B　　6. A　　7. B　　8. B　　9. D

10. A　　11. D　　12. B　　13. A　　14. B　　15. C　　16. C　　17. A　　18. A

19. A　　20. C　　21. D　　22. D　　23. B　　24. D　　25. D　　26. C　　27. C

28. A　　29. B　　30. D　　31. A　　32. A　　33. D　　34. D　　35. B　　36. D

37. B

二、填空题

1. None　　　　2. False　　　　3. [1, 4, 7]　　　4. '3'　　　　　5. True

6. [3]　　　　7. [2, 3, 1]　　8. '3'　　　9. [1, 2]　　　　10. 不可以

11. [2, 3]　　12. b＝a[∶∶3]　　13. (2,2,2)　　　14. [(0, 1), (1, 2), (2,3)]

15. sums＝sum([i＋3 for i in a if a.index(i)％2＝＝1]) 或 sums＝sum(map(lambda x∶x＋3,a[1∶∶2]))

16. [9]　　　　17. [5,5,5]　　18. 0　　　　　19. [6,7,9,11]　　20. [7,5,3]

21. []　　　　22. [2]　　　23. [1, 4, 5]　　24. True　　　　25. [2,4]

6.3　测试题

一、选择题

1. C　　2. A　　3. D　　4. B　　5. C　　6. A　　7. C　　8. A　　9. C

10. D　　11. D　　12. D　　13. B　　14. D　　15. B　　16. B　　17. A　　18. B

19. A　　20. C　　21. D　　22. A　　23. B　　24. C

二、填空题

1.【1】花括号　【2】键　【3】值　【4】键

2. alist.sort(key＝lambda x∶x['age'], reverse＝True)

3. c＝dict(zip(a,b))　　4. [1, 2, 3]　　　5. {1, 2, 3, 4, 5}　　　6. True

7. False　　　　8. {3}　　　　9. 0　　　　　10. 2

11. {1, 2, 3, 6, 7}　　12. [(1, 1), (2, 3), (3, 3)]　　　13. 9

14. 3　　　　15. 2　　　　16. {1, 2, 3}　　　　17. False

18. A＜B　　　19. False　　　20. {0, 1, 2, 3, 4, 5, 6, 7}

21. 3

7.3　测试题

一、选择题

1．A　　2．C　　3．B　　4．D　　5．C　　6．A　　7．A　　8．D　　9．A

10．C　　11．D　　12．A　　13．C　　14．A　　15．C　　16．B　　17．A　　18．D

19．A　　20．A　　21．D　　22．C　　23．A　　24．B　　25．C

二、填空题

1．【1】r　【2】R　　　2．17　　　3．'ab:efg'　　　4．True　　　5．1

6．['abc', 'efg']　　　7．'yybcyyb'　8．False　　　9．False　　　10．'sd'

11．'aaabc'　　　　12．'ab'　　13．0　　　14．'hi world，hiw every one'

15．True　　　16．3　　　17．6　　　18．'rld!'　　　19．search()

20．?　　　　　　21．'1234'

8.3　测试题

一、选择题

1．D　　2．B　　3．D　　4．D　　5．D　　6．C　　7．C　　8．C　　9．D

10．A　　11．B　　12．D　　13．D　　14．D　　15．C　　16．D　　17．D　　18．B

19．B　　20．A　　21．A　　22．B　　23．A　　24．C　　25．D　　26．D　　27．B

28．C　　29．A　　30．D　　31．B　　32．C　　33．B　　34．B　　35．A

二、填空题

1．def，return　　　2．逗号(,)　　　3．优先于　　　4．([1,2,3],4)，None

5．global　　　6．实参，形参　　7．{5:10}　　　8．import　9．20

10．3　　　11．from m import * 或 import m　　　12．__ name __，__ main __

　　None

9.3　测试题

一、选择题

1．C　　2．B　　3．C　　4．C　　5．D　　6．D　　7．D　　8．C　　9．C

10．D　　11．B　　12．C　　13．A　　14．B　　15．A　　16．A　　17．C　　18．D

19．B　　20．B　　21．D　　22．D　　23．C　　24．B

二、填空题

1．class，__ init __　　　2．名称前加__　　　3．封装,继承,多态　　4．封装性

5．类,实例　　　6．类,实例,静态　　7．@staticmethod,@classmethod

8．isinstance()　　　9．子类,父类　　10．400　　　　11．except

10.3　测试题

一、选择题

1．A　　2．A　　3．C　　4．A　　5．B　　6．D　　7．C　　8．B　　9．A

10．D　　11．A　　12．D　　13．D　　14．C　　15．A　　16．A　　17．D

二、填空题

1．创建　　　2．一行　　　3．flush()　　　4．isfile

11.3　测试题

一、选择题

1．D　　2．C　　3．B　　4．C　　5．C　　6．A　　7．C　　8．B　　9．C

10．D　11．D　12．A　13．D　14．D　15．B　16．D　17．C　18．A

19．D　20．C　21．D　22．A

二、填空题

1．五边形　　2．pip install <库名1>[<库名2>…]　　3．pip download <库名>

4．pip show <库名>　　5．pip list　　6．接收时间元组并返回一个可读的时间形式

7．time()

附录B 全国计算机等级考试·二级Python语言程序设计(2018年版)

B.1 考 试 大 纲

B.1.1 基本要求

1. 掌握 Python 语言的基本语法规则。

2. 掌握不少于两个基本的 Python 标准库。

3. 掌握不少于两个 Python 第三方库,掌握获取并安装第三方库的方法。

4. 能够阅读和分析 Python 程序。

5. 熟练使用 IDLE 开发环境,能够将脚本程序转变为可执行程序。

6. 了解 Python 计算生态在以下方面(不限于)的主要第三方库名称:网络爬虫、数据分析、数据可视化、机器学习、Web 开发等。

B.1.2 考试内容

一、Python 语言基本语法元素

1. 程序的基本语法元素:程序的格式框架、缩进、注释、变量、命名、保留字、数据类型、赋值语句、引用。

2. 基本输入输出函数:input()、eval()、print()。

3. 源程序的书写风格。

4. Python 语言的特点。

二、基本数据类型

1. 数字类型:整数类型、浮点数类型和复数类型。

2. 数字类型的运算:数值运算操作符、数值运算函数。

3. 字符串类型及格式化:索引、切片、基本的 format() 格式化方法。

4. 字符串类型的操作：字符串操作符、处理函数和处理方法。

5. 类型判断和类型间的转换。

三、程序的控制结构

1. 程序的三种控制结构。

2. 程序的分支结构：单分支结构、二分支结构、多分支结构。

3. 程序的循环结构：遍历循环、无限循环、break 和 continue 循环控制。

4. 程序的异常处理：try-except。

四、函数和代码复用

1. 函数的定义和使用。

2. 函数的参数传递：可选参数传递、参数名称传递、函数的返回值。

3. 变量的作用域：局部变量和全局变量。

五、组合数据类型

1. 组合数据类型的基本概念。

2. 列表类型：定义、索引、切片。

3. 列表类型的操作：列表的操作函数、列表的操作方法。

4. 字典类型：定义、索引。

5. 字典类型的操作：字典的操作函数、字典的操作方法。

六、文件和数据格式化

1. 文件的使用：文件打开、读写和关闭。

2. 数据组织的维度：一维数据和二维数据。

3. 一维数据的处理：表示、存储和处理。

4. 二维数据的处理：表示、存储和处理。

5. 采用 CSV 格式对一、二维数据文件的读写。

七、Python 计算生态

1. 标准库：turtle 库（必选）、random 库（必选）、time 库（可选）。

2. 基本的 Python 内置函数。

3. 第三方库的获取和安装。

4. 脚本程序转变为可执行程序的第三方库：PyInstaller 库（必选）。第三方库：jieba（必选）、wordcloud 库（可选）。

5. 更广泛的 Python 计算生态，只要求了解第三方库的名称，不限于以下领域：网络爬虫、数据分析、文本处理、数据可视化、用户图形界面、机器学习、Web 开发、游戏开发等。

B.1.3　考试方式

上机考试，考试时长 120 分钟，满分 100 分。

1. 题型及分值

单项选择题 40 分（含公共基础知识部分 10 分）。

操作题 60 分（包括基本编程题和综合编程题）。

2. 考试环境

Windows 7 操作系统，建议 Python 3.4.2 至 Python 3.5.3 版本，IDLE 开发环境。

B.2　样　　卷

全国计算机等级考试二级
Python 语言程序设计样题及参考答案

一、单项选择题（40 分）

1. 下对程序设计语言描述不正确的是（　　）。

A. 程序设计语言是计算机能够理解和识别用户操作意图的一种交互体系

B. 程序设计语言按照特定规则组织计算机指令，使计算机能够自动进行各种运算处理

C. 程序设计语言也叫编程语言

D. 计算机程序是按照计算机指令组织起来的程序设计语言

2. 下列说法不正确的是（　　）。

A. 静态语言采用解释方式执行、脚本语言采用编译方式执行

B. C 语言是静态语言，Python 语言是脚本语言

C. 编译是将源代码转换成目标代码的过程

D. 解释是将源代码逐条转换成目标代码同时逐条运行目标代码的过程

3. 在屏幕上打印输出 Hello World 代码正确的是（　　）。

A. print(Hello World)　　　　　　　　B. print('Hello World')

C. printf("Hello World")　　　　　　D. printf('Hello World')

4. 下面不属于 Python 语言的特点是（　　）。

A. 强制可读：Python 语言通过强制缩进来体现语句间的逻辑关系，显著提高了程序的可读性，进而增加了 Python 程序的可维护性

B. 变量声明：Python 语言具有使用变量需要先定义后使用的优点，变量声明不但对于编译器处理更方便，调用使用不容易出错，程序也更加清晰可读

C. 平台无关：作为脚本语言，Python 程序可以在任何安装了解释器的计算机环境中执行。因此，用该语言编写的程序可以不经修改地实现跨平台运行

D. 黏性扩展：Python 语言具有优异的扩展性，体现在它可以集成 C、C++、Java 等语言编写的代码，通过接口和函数库方式将它们"黏起来"

5. IDLE 环境的退出命令是（　　）。

A. >>> exit()　　　　B. >>> esc()　　　　C. >>> close()　　　　D. >>>回车键

6. 下面不符合 Python 语言命名规则的是（　　）。

A. name_2　　　　　B. name2_　　　　　C. 2_name　　　　　D. _2name

7. 下列不是 Python 语言保留字的是（　　）。

A. for　　　　　　　B. while　　　　　　C. continue　　　　　D. goto

8. Python 语言中代码注释使用的符号是（　　）。

A. //　　　　　　　　B. /*……*/　　　　　C. !　　　　　　　　D. #

9. Python 语言中，变量可以（　　）。

A. 随时命名、随时赋值、随时变换类型

B. 随时声明、随时使用、随时释放

C. 随时命名、随时赋值、随时使用

D. 随时声明、随时赋值、随时变换类型

10. Python 语言的三个基本数字类型是（　　　）。

A. 整数类型、二进制类型、浮点数类型

B. 整数类型、浮点数类型、复数类型

C. 整数类型、十进制类型、浮点数类型

D. 整数类型、二进制类型、复数类型

11. 下面不是 IPO 模式一部分的是（　　　）。

A. Input　　　　　　B. Program　　　　　　C. Process　　　　　　D. Output

12. 在 Python 3. X 版本中语句输出正确的是（　　　）。

A. >>> 3/2　　　　B. >>> 3/2　　　　C. >>> 3//2　　　　D. >>> 3/2

　　1. 50　　　　　　　　1　　　　　　　　　1　　　　　　　　　1. 5

13. 下面语句输出正确的是（　　　）。

```
>>> TempStr? = "105C"
>>> eval(TempStr[0:? - 1])
```

A. 105　　　　　　B. 105C　　　　　　C. C　　　　　　D. 1

14. Python 语言中表示八进制的是（　　　）。

A. 0b1708　　　　　　B. 0O1010　　　　　　C. 0B1019　　　　　　D. 0bC3F

15. 1.23e−4＋5.67e＋8j. real 语句的输出结果正确的是（　　　）。

A. 0.000123　　　　B. 1.23　　　　　C. 5.67e＋8　　　　D. 1.23e−4

16. 下面对 Python 语言浮点数类型描述不正确的是（　　　）。

A. 浮点数类型与数学中实数的概念一致

B. 浮点数类型表示带有小数的类型

C. Python 语言要求所有浮点数必须带有小数部分

D. 小数部分不可以为 0

17. 下面对 Python 语言内置操作符描述不正确的是（　　　）。

A. x/y 表示 x 与 y 之商

B. x//y 表示 x 与 y 之整数商，即不大于 x 与 y 之商的最大整数

C. x%y 表示 x 与 y 之整数商，即不大于 x 与 y 之商的最大整数

D. x%y 表示 x 与 y 之商的余数，也称为模运算

18. 在 Python 语言中，如果 x＝3，则执行语句＋x 的结果是（　　　）。

A. 0　　　　　　　B. 3　　　　　　　C. 6　　　　　　　D. 9

19. 下面语句输出正确的是（　　　）。

```
>>> abs(−3 + 4j)
```

A. 3　　　　　　　B. 4　　　　　　　C. 5　　　　　　　D. 5.0

20. 假设 x＝1，x ＊ ＝3＋5 ＊＊ 2 的运算结果是（　　　）。

A. 13　　　　　　B. 14　　　　　　C. 28　　　　　　D. 29

21. 如果 name＝"全国计算机等级考试二级 Python"，下面输出错误的是(　　　)。

A. >>> print(name[0], name[8], name[−1])

全试

B. >>> print(name[:])

全国计算机等级考试二级 Python

C. >>> print(name[11:])

Python

D. >>> print(name[:11])

全国计算机等级考试二级

22. 下列表达式错误的是(　　)。

A. 'abcd'<'ad'   B. 'ab'<'abed'

C. ''<'a'   D. 'Hello'> 'hello'

23. 下列程序运行结果正确的是(　　　)。

```
>>> s = 'PYTHON'
>>>"{0:3}".?format(s)
```

A. 'PYT'   B. 'PYTH'   C. 'PYTHON'   D. 'PYTHON'

24. 程序的基本结构不包括(　　)。

A. 顺序结构   B. 分支结构   C. 循环结构   D. 跳转结构

25. 以下可以结束一个循环的保留字是(　　)。

A. if   B. continue   C. break   D. exit

26. 下面对分支结构描述不正确的是(　　)。

A. if 语句中语句块执行与否依赖于条件判断

B. if 语句中条件部分可以使用任何能够产生 True 和 False 的语句和函数

C. Python 通过 if、else 保留字来实现单分支、二分支和多分支结构

D. 多分支结构是二分支结构的扩展，用于设置同一个判断条件的多条执行路径

27. 下面关于函数的描述中不正确的是(　　)。

A. 函数是一段具有特定功能的语句组

B. 函数是一段可重用的语句组

C. 函数通过函数名进行调用

D. 每次使用函数需要提供相同的参数作为输入

28. Python 中定义函数的关键字是(　　)。

A. define   B. return   C. def   D. function

29. 下面关于递归的描述中不正确的是(　　)。

A. 函数定义中调用函数自身的方式称为递归

B. 递归只能存在一个基例

C. 默认情况下，当递归调用到 1000 层时，Python 解释器将终止程序

D. 递归不是循环

30. 下列不属于组合数据类型的是(　　)。

A. 序列类型   B. 集合类型   C. 字典类型   D. 映射类型

31. 下面对元组的描述中不正确的是(　　　　)。

A. 元组是一种集合类型

B. 元组一旦被创建就不能被修改

C. 一个元组可以作为另外一个元组的元素

D. Python 语言中元组可以采用逗号和圆括号来表示

32. 列表 ls＝[[1,2,3],[[4,5],6],[7,8]],则 len(ls)的值是(　　　　)。

A. 1　　　　　　　　B. 3　　　　　　　　C. 4　　　　　　　　D. 8

33. 下面是错误的字典创建方式的是(　　　　)。

A. d＝{1:[1,2],3:[3,4]}　　　　　　　　B. d＝{[1,2]:1,[3,4]:3}

C. d＝{(1,2):1,(3,4):3}　　　　　　　　D. d＝{'张三':1,'李四':2}

34. 下列不属于 Python 对文件的读操作方法的是(　　　　)。

A. read　　　　　　B. readline　　　　　　C. readall　　　　　　D. readtext

35. 下面对文件的描述中错误的是(　　　　)。

A. 文件是一个存在辅助存储器上的数据序列

B. 文件中可以包含任何数据内容

C. 文本文件和二进制文件都是文件

D. 文本文件不能用二进制文件方式读入

36. 假设 ls＝[3.5,"Python",[10,"LIST"],3.6],则执行 ls[2][－1][1]的结果为(　　　　)。

A. L　　　　　　　　B. I　　　　　　　　C. P　　　　　　　　D. Y

37. 不改变绘制方向的 turtle 命令是(　　　　)。

A. turtle.fd()　　　　　　　　　　　　B. turtle.seth()

C. turtle.right()　　　　　　　　　　　D. turtle.circle()

38. 在 turtle 绘图中表示颜色值不正确的是(　　　　)。

A. "grey"　　　　　　　　　　　　　　B. (190,190,190)

C. BEBEBE　　　　　　　　　　　　　D. ♯BEBEBE

39. 关于 random 库描述不正确的是(　　　　)。

A. 生成随机数之前必须要指定随机数种子

B. 设定相同种子,每次调用随机函数生成的随机数相同

C. 通过 from random import ＊ 可以引入 random 随机库

D. 通过 import random 可以引入 random 随机库

40. 下面不属于 Python 中开发用户界面的第三方库的是(　　　　)。

A. turtle　　　　　　B. PyQt　　　　　　C. wxPython　　　　　　D. PyGTK

二、基本操作题(16 分)

1. 根据斐波那契数列的定义,F(0)＝0,F(1)＝1,F(n)＝F(n－1)＋F(n－2),(n≥2),
输出不大于 100 的序列元素,请补充横线处的代码。

```
>>> a,b =     (1)
>>> while     (2)    :
        print(a, end = ',')
        a, b = (3) , (4)
```

2. 写出下列操作的代码。

(1) 建立字典 D＝{"数学":101,"语文":202,"英语":203,"物理":204,"生物":2061}。

(2) 向字典中添加键值对""化学":205"。

(3) 修改"数学"对应的值为201。

(4) 删除"生物"对应的键值对。

三、简单应用题(14分)

1. 请将下列数学表达式用 Python 程序写出来,并计算结果。

$$x = \frac{3^4 + 5 - 6 \times 7}{8}$$

2. 使用 turtle 库中的 turtle.fd()函数和 turtle.seth()函数绘制一个等边三角形,边长为200,效果如下图所示。

四、综合应用题(20分)

1. 重量计算。月球上航天员的体重是在地球上的16.5%,假如航天员在地球上体重每年增长0.5kg,编写程序输出未来10年航天员在地球和月球上的体重状况。

2. 随机密码生成。编写程序,在26个字母大小写和9个数字组成的列表中随机生成一个8位密码。

参考答案

一、单项选择题

1. D   2. A   3. B   4. B   5. A   6. C   7. D   8. D   9. C

10. B   11. B   12. C   13. A   14. B   15. A   16. D   17. C   18. B

19. D   20. C   21. A   22. D   23. C   24. ·   25. C   26. C   27. D

28. C   29. B   30. D   31. A   32. B   33. B   34. D   35. D   36. B

37. A   38. C   39. A   40. A

二、基本操作题

1.

(1) 0,1

(2) a＜100

(3) b

(4) a＋b

2.

(1) D＝{"数学":101,"语文":202,"英语":203,"物理":204,"生物":206}

(2) D["化学"]＝205

(3) D["数学"]＝201

(4) del D["生物"]

三、简单应用题

1. x＝(3 ** 4＋5－6 * 7)/8

2.

```
#绘制等边三角形
import turtle
turtle. fd(200)
turtle. seth(120)
turtle fd(200)
turtle. seth(240)
turtle.fd(200)
```

四、综合应用题

1.

```
#体重计算
weight = 50
increment = 1
coeffivient = 0.165
for x in range(1, 16):
    i = (weight + increment * x) * coefficient
    print("%d years later: %0.2f" % (x, i))
```

2.

```
#随机密码生成
chars = ['0', '1', '2', '3', '4', '5', '6', '7', '8', '9', 'a', 'b', 'c', 'd', 'e', 'f', 'g', 'h', 'i',
'j', 'k', 'l', 'm', 'n', 'o', 'p', 'q', 'r', 's', 't', 'u', 'v', 'w', 'x', 'y', 'z', 'A', 'B', 'C', 'D',
'E', 'F', 'G', 'H', 'I', 'J', 'K', 'L', 'M', 'N', 'O', 'P', 'Q', 'R', 'S', 'T', 'U', 'V', 'W', 'X', 'Y',
'Z']
from random import choice
for i in range(10)
    print(".join([ choice(chars) for i in range(8)]))
```

附录C　江苏省高等学校计算机 等级考试·二级Python语言

C.1　考 试 大 纲

考核要求

1. 掌握程序设计的一般步骤与方法,特别是掌握 Python 中各类数据结构相关的函数/方法以及常用标准库及第三方库中的函数的使用。

2. 能熟练运用 Python 语言进行程序设计,能有效利用 Python 进行简单的数据获取、表示和处理分析,具有一定分析问题和解决问题的能力和计算思维能力。

考试范围

1. 认识 Python。

(1) Python 语言的特性和分支。

(2) Python 语言程序集成开发环境。

2. Python 基础知识。

(1) Python 语言的基本知识。

① 注释。

② 缩进。

③ 输入输出函数。

(2) Python 语法基础。

① 标识符的要求,Python 中的关键字。

② 对象变量的使用方式(类型、动态机制、引用)和初始化。

③ 基本运算。

④ 表达式。包括赋值表达式、算术表达式、逻辑表达式和条件表达式的组成和功能。

(3) Python 数据类型。

① Python 标准数据类型。包括:整型、布尔型、浮点型、复数型。

② 函数、模块和包。理解 Python 中内建函数、标准函数、第三方库、模块、包和库的基本概念。

（4）面向对象的基本概念。包括：简单的面向对象的基本思想，类、对象、抽象和继承的概念。

3．序列。

（1）序列基本知识。包括：序列的种类，序列的标准类型运算，序列的序列类型操作，序列类型的常用函数。

（2）字符串。包括：字符串的形式及基本操作，字符串的常用函数和方法，转义字符。

（3）列表。包括：列表的形式及基本操作，列表的常用函数和方法。

（4）元组。包括：元组的形式及基本操作，元组的常用函数和方法。

（5）range 对象。包括：range()函数生成数据的方法和特点。

4．字典与集合。

（1）字典。包括：字典的功能，创建字典，生成字典，字典的基本操作，字典的常用函数和方法，字典作为函数的形式参数——可变长关键字参数。

（2）集合。包括：集合的功能，可变集合和不可变集合的创建，集合的标准类型运算，面向所有集合和可变集合的常用函数和方法。

5．结构化控制。

（1）顺序结构语句。包括：增量、链式、多重赋值表达式语句，函数调用语句，input()函数，print()函数和格式化输出。

（2）选择结构语句。包括：if-else-elif 语句，嵌套的 if 结构。

（3）循环结构语句。包括：while、for 语句，for 语句不同的迭代方式（主要是序列迭代和序列索引迭代以及字典和文件等对象的迭代），循环中的跳转语句 break、continue 和 else，列表解析和生成器表达式。

6．函数。

（1）自定义函数。包括：自定义函数的创建和调用，默认参数和关键字参数。

（2）递归的定义及调用。

（3）变量作用域。包括：全局变量和局部变量，global 语句。

7．文件。

（1）文件系统库函数。包括：open()、read()、write()、readline()、readlines()、writelines()、seek()和 close()函数。

（2）文件的常见异常处理（with 语句）。

8．Python 常用标准库。

（1）os 模块。主要包括：getcwd()、chdir()、mkdir()、rmdir()、remove()和 rename()函数。

（2）time 模块。主要包括：localtime()、gmtime()、time()、mktime()、sleep()、ascitime()、ctime()、strftime()和 strptime()函数。

（3）datetime 模块。主要包括：date()、time()、datetime()和 timedelta()函数。

（4）random 模块。主要包括：random()、uniform()、randint()、randrange()、choice()、shuffle()和 sample()函数。

9．异常处理。

（1）Python 中的常见异常类。

（2）try-except 语句，包括 else 子句和 finally 子句。

10. 掌握 Python 中各类常见问题的一般算法。

11. 对科学计算和数据分析生态系统 SciPy 中的核心库 NumPy、pandas 和 Matplotlib 中的数据结构、常用科学计算函数和功能、数据分析方法和绘制图形方法有基本了解,等时机成熟后加入课程考试范围内。

考试说明

1. 考试方式为无纸化网络考试,考试时间为 120 分钟。

2. 软件环境:Windows 7/Windows 8/Windows 10 操作系统,Python 3.5.2 IDLE 及以上(Python 编辑器)或 Anaconda(基于 Python 3.5 及以上的 32/64 位 Python IDE)。

3. 考试题型及分值分布见样卷。

C.2 样 卷

江苏省高等学校计算机等级考试

二级 Python 语言考试(样卷)

(本试卷完成时间 120 分钟)

第一部分 计算机信息技术基础知识

选择题(共 20 分,每题 2 分)

1. 在下列有关信息、信息技术、信息产业、信息化的叙述中,错误的是_____。

A. 信息、物质和能量是客观世界的三大构成要素,没有信息则任何事物都没有意义

B. 信息技术是随着计算机技术的发展而发展的,没有计算机的出现则没有信息技术

C. 信息产业具有高投入、高风险和增长快、变动大等特点

D. 信息化是一个推动人类社会从工业社会向信息社会转变的社会转型过程

2. 一个 8 位二进制带符号整数,其取值范围为_____。

A. −256～256   B. −255～255

C. −127～127   D. −128～127

3. 迄今为止,我们所使用的计算机大多数是根据_____提出的"存储程序控制"的原理进行工作的。

A. 控制论创始人维纳(N. Wiener)

B. 信息论创始人香农(C. E. Shannon)

C. 计算机科学之父图灵(A. M. Turing)

D. 计算机之父冯·诺依曼(John von Neumann)

4. 主机上用于连接 I/O 设备的各种插头、插座,统称为 I/O 接口。下列 I/O 接口中,理论上数据传输速率最快的是_____。

A. ATA   B. IEEE 1394   C. PS/2   D. USB 3.0

5. 下列有关程序与软件的叙述中,错误的是_____。

A. 所有的程序都是采用机器语言编写的,用于描述如何完成某一确定的任务

B. 人们通常将程序及其相关的数据和文档统称为软件,其中程序是软件的主体

C. 软件是智力活动的成果,与书籍等一样受到知识产权(版权)保护

D. 目前许多软件产品是免费的,用户可以从有关网站下载和使用

6. 大多数数据文件的类型名在不同的操作系统中是通用的,因而 PC、平板电脑、智能手机等之间可以交换文档、图片、音乐等各种数据,而可执行程序(应用程序)的文件类型名称则通常不同。例如,在智能手机使用的 Android 系统中,应用程序的类型名通常是_____。

A. APK　　　　　　　B. APP　　　　　　　C. EXE　　　　　　　D. DLL

7. 在现代通信系统中,为了能有效地提高数据链路的利用率、降低通信成本,一般使用多路复用技术让多路信号同时共用一条传输线进行传输。FDM 是指_____。

A. 频分多路复用　　　　　　　　　　B. 时分多路复用

C. 波分多路复用　　　　　　　　　　D. 码分多路寻址

8. IP 协议规定,网络中所有计算机必须使用一种统一格式的地址进行标识,这就是 IP 地址。IP 地址分为 A～E 类,下列 IP 地址中属于 A 类地址的是_____。

A. 26.10.35.48　　　　　　　　　　B. 130.108.18.11

C. 193.191.23.204　　　　　　　　D. 202.119.23.12

9. 字符集及其编码是计算机中表示、存储、处理和交换文本信息的基础。从目前来看,在下列字符集及其编码标准中包含汉字最多的是_____。

A. GB 2312　　　　　　　　　　　　B. GB 18030

C. GBK　　　　　　　　　　　　　　D. Unicode

10. 下列 MIDI 与计算机合成音乐的叙述中,错误的是_____。

A. MIDI 是计算机和数字乐器使用的音乐描述语言

B. 目前音乐合成器(简称"音源")大多使用一种称为"波表合成器"的软件音源

C. 使用音序器软件制作 MIDI 音乐时,普通的 ASCII 键盘可以用于输入和修改乐谱

D. 与 MP3 音乐相比,MIDI 音乐的数据量较大,且不易于编辑修改

参考答案:

1. B　　　　2. C　　　　3. D　　　　4. D　　　　5. A

6. A　　　　7. A　　　　8. A　　　　9. D　　　　10. D

第二部分　Python 程序设计

一、选择题(共 10 分,每题 2 分)

1. 以下不能在 Python 3.x 的环境中实现在屏幕上输出字符串"HelloWorld"的语句是_____。

A. print('HelloWorld')　　　　　　B. print 'HelloWorld'

C. print("HelloWorld")　　　　　　D. print('''HelloWorld''')

2. 以下 4 个选项中,均是合法常量的选项是_____。

A. 160、-0xffff、0o11　　　　　　B. 0xcdf、3e-5、0xz

C. '0'、abc、0o668　　　　　　　　D. -0x48a、2e1.5、65536

3. 对于序列 numbers=[1,2,3,4,5,6,7,8,9,10],以下相关操作得到的结果中包含数字 6 的是_____。

A. >>> numbers[0:5]　　　　　　B. >>> numbers[6]

C. >>> numbers[5：-1]   D. >>> numbers[-4：-1]

4. Python 语言定义函数的过程中,以下可以没有的部分是_____。

A. return 语句   B. def 关键字

C. 函数名后的一对圆括号   D. 函数名

5. 以下 4 个赋值操作中,可以得到一个字典类型的数据的操作是_____。

A. data＝('Zhangsan',18)   B. data＝['Zhangsan',18]

C. data＝{'Zhangsan':18}   D. data＝"'Zhangsan',18"

二、填空题(共 20 分,每空 2 分)

1. 执行如下代码,则程序运行后,屏幕上显示的结果中的第一行是____(1)____,第二行是____(2)____。

```
for i in range(3,10,3):
    if i % 2: print(i)
```

2. 执行如下代码,输出结果是____(3)____。

```
>>> tax = 8.5/100
>>> price = 100.0
>>> value = int(price * tax)
>>> print(value)
```

3. 有如下的函数定义:

```
def concat( * args,sep = "/"):
    return sep.join(args)
```

执行函数调用 concat("earth","mars","venus",sep＝".")的返回值是____(4)____。

4. 执行如下代码,结果是'____(5)____'。(提示:字符'? '的 ASCII 值是 63。)

```
>>> words = ['Do', 'you', 'like', 'Python', '? ']
>>> words.sort()
>>> words.pop()
```

5. 若输入"34567",则以下程序的运行结果是____(6)____。(提示:字符'1'的 ASCII 值是 49。)

```
s = input()
count = 0
for char in s:
    if ord(char) % 2:
        count + = 1
print(count)
```

6. 执行如下代码,则程序运行后,屏幕上显示的结果中的第一行是{____(7)____},第二行是{____(8)____}。

```
aSet = {1,2,3}
bSet = {2,3,4}
cSet = {3,4,5}
aSet.update(bSet)
```

```
print(aSet)
aSet. intersection_update(cSet)
print(aSet)
```

7. 有如下函数定义,执行函数调用 func(5)的返回值是＿＿＿＿(9)＿＿＿＿。

```
def func(n):
if n <= 1:
    return n
else:
    return(func(n - 1) + func(n - 2))
```

8. 执行如下代码,则程序的运行结果是＿＿＿＿(10)＿＿＿＿。

```
names = ["xiaoma","xiaoliu","xiaowang","xiaozhang","xiaoxue"]
numbers = [8321234,111222,323232,66666,123456]
data = dict(zip(names,numbers))
xx = sorted(data.values())
print(xx[3])
```

三、操作题(共 50 分)

1. 完善程序(共 12 分,每空 3 分)

第 1 题(共 6 分)

【要求】

(1) 打开 T 盘中的文件 myf0. py,按以下程序功能完善文件中的程序,只补充下画线部分的程序,请勿改动程序的其他部分。

(2) 修改后的源程序仍保存在 T 盘 myf0. py 文件中。

【程序功能】

完善函数 proc(),该函数的功能是求列表 arr 的平均值,并对所得结果进行四舍五入(保留两位小数)。例如,当 arr＝[6.6, 9.9, 9.7, 55.2, 7.3, 9.5, 12.8, 7.9, 16.0, 16.8]时,结果为:avg＝15.17。

【待完善的源程序】

```
def proc(arr):
    avg = 0
    sum = 0
    for i in arr:
        _____(1)_____
    avg = sum/10
    avg = avg * 100
    t = int(_____(2)_____)
    avg = t/100
    return avg

if __name__ == "__main__":
    arr = [6.6, 9.9, 9.7, 55.2, 7.3, 9.5, 12.8, 7.9, 16.0, 16.8]
    print("average = ",proc(arr))
```

第2题（共6分）

【要求】

（1）打开T盘中的文件myf1.py，按以下程序功能完善文件中的程序，只补充下画线部分的程序，请勿改动程序的其他部分。

（2）修改后的源程序仍保存在T盘myf1.py文件中。

【程序功能】

从键盘输入一组正整数并保存在列表xx中，以整数0结束输入。完善函数proc()，该函数的功能是从列表中找出十位和百位的数字之和大于5的所有正整数，结果保存到myf.out文件中。

【测试数据与运行结果】

测试数据：

```
134
58
3456
238
567
0
```

保存到文件的数据：

```
[2345, 567]
```

【待完善的源程序】

```python
def proc(xx):
    yy = []
    for num in xx:
        g =     (3)
        s = sum//10 % 10
        if g + s > 5:
            yy.append(num)
    return yy


if __ name __ == "__ main __":
    xx = []
    print("Please input numbers:\n")
    while True:
        n = int(input())
        if n == 0:
            break
        else:
            xx.append(n)
    with open("T:\\myf.out",     (4)     ) as fp:
        fp.writelines(repr(proc(xx)))
```

2. 改错（共16分，每个错4分）

【要求】

（1）打开T盘中的文件myf2.py，按以下程序功能改正文件中程序的错误。

（2）可以修改语句中的一部分内容，调整语句次序，增加少量的变量赋值或模块导入命令，但不能增加其他语句，也不能删去整条语句。

（3）修改后的源程序仍保存在 T 盘 myf2.py 中。

【程序功能】

下列给定程序中函数 proc() 的功能是将正整数 m 的各位上的数字按照从小到大的顺序重新排列从而构造一个新的数字。例如，输入 947821，则输出应该是 124789。

【测试数据与运行结果】

测试数据：

Please input a number: 947821

屏幕输出：

The new number is: 124789

【含有错误的源程序】

```python
def proc(n):
    xx = [ ]
    yy = 0
    while True:
        if n!= 0:
            xx.append(n//10)
        n = n//10
        if n == 0:
            continue
    sort(xx)
    for i in xx:
        yy = yy + i
    return yy


if __name__ == "__main__":
    print("Please input a number:")
    n = int(input())
    print("The new number is:",proc(n))
```

3. 编程（共 22 分）

第 1 题（共 8 分）

【要求】

打开 T 盘中的文件 myf3.py，在其中输入所编写的程序。

【程序功能】

统计给定的字符串中各个单词出现的次数，要求在屏幕上输出单词及单词出现的次数。

【编程要求】

尽量使用 Python 标准库中的函数来实现本程序功能。

【测试数据与运行结果】

测试数据：

str1 = "Python C++Java VB Java Foxpro Python Java"

屏幕输出(顺序可不一致)：

Python 2

C++1

Java 3

VB 1

Foxpro 1

第 2 题(共 14 分)

【要求】

打开 T 盘中的文件 myf4.py,在其中输入所编写的程序。

【程序功能】

从键盘上输入两个正整数,编写程序输出两个数之间存在的所有素数的平方和。

【编程要求】

(1) 编写函数 isprime(x),函数功能为判断整数 x 是否是素数,如果是则返回 True,否则返回 False。

(2) 编写函数 func(a,b),返回 a 和 b 之间(不包含 a 和 b)的所有素数。

(3) 在主函数中调用以上函数,求 a 和 b 之间所有素数的平方和。

(4) 输出格式不限,但至少要输出满足条件的素数和素数的平方和。

【测试数据与运行结果】

测试数据：

20 30

屏幕输出：

23 * 23 + 29 * 29 = 1370

测试数据：

2 10

屏幕输出：

3 * 3 + 5 * 5 + 7 * 7 = 83

参考答案：

一、选择题

1. B   2. D   3. C   4. A   5. C

二、填空题

(1) 3   (2) 9   (3) 8   (4) earth. mars. venus   (5) you

(6) 3   (7) 1,2,3,4   (8) 3,4   (9) 5   (10) 323232

三、操作题

1. 完善程序

第 1 题

(1) sum＋＝i

(2) avg+0.5

第 2 题

(3) num//100%10

(4) "w"

2. 改错

```python
def proc(n):
    xx = []
    yy = 0
    while True:
        if n!= 0:
            xx.append(n//10)
        n = n//10
        if n == 0:
            break
    xx.sort()
    for i in xx:
        yy = yy * 10 + i
    return yy


if __name__ == "__main__":
    print("Please input a number:")
    n = int(input())
    print("The new number is:", proc(n))
```

3. 编程

第 1 题

```python
x = "Python C++Java VB Java Foxpro Python Java"
xx = x.split()
set_xx = set(xx)
for item in set_xx:
    count = xx.count(item)
    print(item, count)
```

第 2 题

```python
import math
def isprime(x):
    if x == 1:
        return False
    k = int(math.sqrt(x))
    for j in range(2, k + 1):
        if x % j == 0:
            return False
    return True


def func(a, b):
    x = []
    for i in range(a + 1, b):
```

```
            if isprime(i):
                x.append(i)
    return x


if __name__ == "__main__":
    sum = 0
    yy = []
    a,b = input().split()
    results = func(int(a),int(b))
    for n in results:
        sum += n * n
        yy.append(str(n) + " * " + str(n))
    print(" + ".join(yy) + " = " + str(sum))
```

参 考 文 献

［1］ 董付国. Python 程序设计基础［M］. 2 版. 北京：清华大学出版社，2015.

［2］ 刘卫国. Python 语言程序［M］. 北京：电子工业出版社，2016.

［3］ 江红，余青松. Python 程序设计与算法基础教程［M］. 北京：清华大学出版社，2017.

［4］ 邓英，夏帮贵. Python 3 基础教程［M］. 北京：人民邮电出版社，2016.

［5］ 嵩天. 全国计算机等级考试二级教程——Python 语言程序设计（2018 年版）［M］. 北京：高等教育出版社，2018.

［6］ 黄天羽，李芬芬. 高教版 Python 语言程序设计冲刺试卷（含线上题库）［M］. 北京：高等教育出版社，2018.

［7］ 张莉. Python 程序设计教程［M］. 北京：高等教育出版社，2018.

［8］ 江苏省高等学校计算机等级考试指导委员会. 江苏省高等学校计算机等级考试大纲与样卷［M］. 北京：高等教育出版社，2018.

图 书 资 源 支 持

感谢您一直以来对清华版图书的支持和爱护。为了配合本书的使用，本书提供配套的资源，有需求的读者请扫描下方的"书圈"微信公众号二维码，在图书专区下载，也可以拨打电话或发送电子邮件咨询。

如果您在使用本书的过程中遇到了什么问题，或者有相关图书出版计划，也请您发邮件告诉我们，以便我们更好地为您服务。

我们的联系方式：

地　　址：北京市海淀区双清路学研大厦 A 座 701

邮　　编：100084

电　　话：010-83470236　010-83470237

资源下载：http://www.tup.com.cn

客服邮箱：2301891038@qq.com

QQ：2301891038（请写明您的单位和姓名）

资源下载、样书申请

书 圈

扫一扫，获取最新目录

课 程 直 播

用微信扫一扫右边的二维码，即可关注清华大学出版社公众号"书圈"。